成长加油站

为自己读书

李 奎 方士华 编著

民主与建设出版社
·北京·

图书在版编目（ＣＩＰ）数据

为自己读书 / 李奎，方士华编著 . -- 北京 : 民主
与建设出版社，2019.11

（成长加油站）

ISBN 978-7-5139-2424-5

Ⅰ. ①为… Ⅱ. ①李… ②方… Ⅲ. ①学习心理学—
青少年读物 Ⅳ. ① G442-49

中国版本图书馆 CIP 数据核字 (2019) 第 269542 号

为自己读书

WEI ZI JI DU SHU

出 版 人　李声笑
编　　著　李　奎　方士华
责任编辑　刘树民
封面设计　大华文苑
出版发行　民主与建设出版社有限责任公司
电　　话　（010）59417747　59419778
社　　址　北京市海淀区西三环中路 10 号望海楼 E 座 7 层
邮　　编　100142
印　　刷　三河市德利印刷有限公司
版　　次　2020 年 6 月第 1 版
印　　次　2020 年 6 月第 1 次印刷
开　　本　880 毫米 × 1230 毫米　　1/32
印　　张　30
字　　数　650 千字
书　　号　ISBN 978-7-5139-2424-5
定　　价　238.00 元（全 10 册）

注：如有印、装质量问题，请与出版社联系。

　　青少年是祖国的未来，是中华民族的希望。中国的未来属于青少年，中华民族的未来也属于青少年。青少年的理想信念、精神状态、综合素质，是一个国家发展活力的重要体现，也是一个国家核心竞争力的重要因素。

　　随着年龄的增长，青少年开始认识世界，学习各科知识，在这个过程中，他们逐渐熟悉了社会，了解了民风民俗，懂得了道德法律，具备了起码的生存技巧、劳动技能，掌握了一定的科学知识、探索方法，对大自然、对人生也有了一定的看法。

　　这一时期，他们渴望独立的愿望日益变得强烈，与家庭的联系逐渐疏远，对父母的权威产生怀疑，甚至发生反抗行为。他们要摆脱家长和其他成人的监护，摆脱由这些成年人规定的各种形式的束缚。

　　他们对自己充满自信，看不起身边的许多事情，但随着接触社会的增多，他们会逐渐了解到个人只不过是这个大自然中的一部分，个人与他人、社会、自然之间存在着十分复杂的关系，在很多事情面前，个人的能力和作用都是有限的，是要受到制约的。

　　由于一开始过高地估计了自己的能力，致使他们的很多愿望难以实现，由此他们又产生了自危、自惭、自卑、自惑等不良心态，在这种情绪的影响下，有的青少年甚至走上自毁的道路。研究表明，青春期的青少年是最容易激发起斗志的，他们更容易从别人的成功中吸取适合自己的营养，指导他们的行动。

为了正确地引导青少年的成长，使他们培养正确的人生观和世界观，并合理地控制自己的情绪，我们特地编辑了本套"成长加油站"丛书，包括《爸妈不是我的佣人》《办法总比问题多》《再见坏习惯》《做最好的自己》《懒惰，请走开》《做个内心强大的孩子》《这样做人人都欢迎我》《学习是一件快乐的事》《为自己读书》《自己永远是最棒的》共十册书。

本套丛书从兴趣爱好、积极人生、情绪、心智等多个方面入手，分别讲述了如何培养孩子的美德、怎样提高孩子的情商、智商，怎样养成孩子的独立生活能力等诸多问题，旨在引导青少年对成功的渴望，使其发现自身的兴趣所在，快乐、健康地成长，为他们的成长加油！

目录

第一章 放飞你的好奇心

　　作为青少年，如果我们真心希望自己能不断增长知识，那么就得像小时候一样充满好奇心。因为好奇心是成长的原动力，只有当自己提问的能力越强，我们的思维才会越活跃，思想才会越深刻。

做个爱提问的孩子

　　青少年朋友，你知道吗？我们每个人从出生开始，就睁着一双圆溜溜的充满好奇的眼睛，开始了对这个世界不断的探索和发现。小小的我们，在妈妈的怀里急切地想要吸吮妈妈的乳汁，这是我们的生存本能。也就是说，我们从出生开始就有探索和发现的本能。

　　为什么月亮有时候圆有时候弯呢？

　　为什么花儿有时候开有时候落呢？

　　为什么太阳白天出来，月亮晚上出来呢？

　　为什么冰雪会融化呢？

　　为什么小鸟是在天空飞翔，而鱼是在水里游呢？

　　……

　　小时候的我们，心里藏着无数个为什么。我们每天除了吃饭睡觉之外，几乎把所有时间都花在探索和提问上了，我们所经历的一切都是在学习、学习、再学习！

　　对一切都很好奇，喜欢问这问那，这就是我们人类的天性，也是我们生存的本能。不过，随着我们渐渐长大，很多男孩女孩似乎已经丢掉了那颗好奇心。如今的你还在不断地进行探索和发现吗？

　　其实，爱提问是不分年龄的，就算我们长大了，我们依然要做个爱提问的好孩子，因为提问题是我们对学习欲望的一种激发过程，通过提问，我们才能知道自己原来有那么多事情不知道。

　　当我们背着书包走进校园，读书学习的时候，我们便开始通过读书获取知识，一个个地解决心中的问题。因此，读书是我们的一种成长方式，也是我们成长的需要。

　　不过，学习的方式多种多样，读书只是其中的一种。所谓学习，也就是做学问，要想学得好，就要又学又问，连续不断地提问，提问题并解答问题，是引导我们一步步取得进步的阶梯。当我们顺着提问的方向去思考时，便实现了自我升级。

　　当我们在学习或读书过程中提出问题的时候，大脑会自动搜索多个答案，从而提高我们的学习效率。从这个角度说，一个好的问题胜过一个答案。

　　美国有一个中学生叫威廉·袁，他在三年级的时候迷恋上了科学。到了四年级，他开始沉迷于海洋学、纳米科技和可再生能源，整日沉浸在这些知识的学习中。

　　11岁的时候，他开始在美国波特兰大学研究纳米成像技术。有一次做实验的时候，他突然萌发了一个念头：是否可以通过两个四面的反射，使一个三维的太阳能电池既能吸收可见光，又能吸收紫外线呢？

带着这个问题，威廉·袁开始了自己的实验，两年后，他成功地发明了新型太阳能电池。

看吧，问号就是这样神奇，它就像打开智慧宝库的金钥匙。一个人如果爱问问题，那他离成功还会远吗？

不要丢掉好奇心

青少年朋友，如果你不希望人生过得太乏味，太无聊，那就在生活中多带些好奇心吧！如果你有了好奇心，便会发现生活中时时处处充满乐趣！

好奇心是一种非智力的因素，但是它却是人们学习与成长的动力之源。英国著名的科学家、思想家培根说过："知识是一种快乐，而好奇则是知识的萌芽。"我们之所以有好奇心，是因为我们有强烈的求知欲。这是我们成长为创造型人才必备的素质之一。

遗憾的是，好奇心随着年龄的增长竟逐渐被我们丢齐了。有这样一个实验：

老师在黑板上画了一个圆圈，问这个圆圈像什么？

"是太阳""是气球""是小猫咪的脑袋""是汽车轮子""是苹果"……幼儿园的孩子们争先恐后、七嘴八舌地回答，一下子讲出了几十种。

在小学课堂上，老师画了同样一个圆圈，一些活泼的小学生讲出了十几种。

中学课堂上，面对这个问题，没有人抢着回答，只有几个学生在老师的点名下站起来说"是数字0""是氧原子"，最后得到的答案有七八种。

在大学课堂上，面对这个问题，下面一片嗡嗡声，却没有人回答。在老师的催促下，有同学站起来谨慎地回答，却只讲出了两三种答案。

而社会上的人们，包括一些职场精英，面对这个问题，却一种也讲不出了，因为他们不敢讲。这些人在社会上摸爬滚打时间长了，就变得胆小谨慎，对很多事情都有所畏惧，让他们来说，自然说不出来是什么东西。

由此可见，如果不能保持好奇心，我们的思维就会变得僵化，人也会变得老气横秋。

纵观全世界，凡是有所成就的人，他们与一般人最大的区别就是能把童年时代的好奇心一直保持下去。更可贵的是随着年龄的增长，这些人的好奇心不仅不会减少，反而增加了许多。

好奇心最明显的表现就是对新事物的注意，以及为弄清这些纷繁复杂的事物的内在联系而不断地提出各种各样的问题。好奇心会促使我们积极主动地学习，让我们孜孜不倦地对自己觉得奇怪的事情进行认真思考。如果没有好奇心，一切都认为理所当然，那就可能在成长的道路上留下许多遗憾。

好奇心加上创造力，人类文明才大步地向前发展。可以说，世界上一切发明创造都源于人的好奇心。天文学家好奇那浩瀚明亮的天空，于是有了望远镜的发明和八大行星的发现；人类因为对太空充满了好奇，才发明了航天飞机，卫星，火箭……

有一位企业家曾说过："我们所酷爱的许多产品，都是靠直觉、猜测和幻想做出来的。这是因为要创造全新的东西，的确需要全然不同的眼光。"这里，全然不同的眼光，其实就是好奇心。

好奇是人类进步的根源。第一个吃螃蟹的人让我们后世有螃蟹吃。曾经为历史创造新篇章的人，靠的都是对新生事物的好奇心。就像科学家爱因斯坦所说的："我没有特别的天分，只是好奇心十分强烈而已。"

好奇心，是一种研究事物根源的兴趣和冲动，也是改革一成不变的生活的新动力，它是人们积极探究某种事物或进行某种活动的倾向。几乎每一个科学家的人生轨迹都告诉我们，他们的一生是充满了对大自然奥秘好奇的一生，正是这种好奇心引导着他们一步步攀登科学的高峰。

所以，我们青少年必须拥有好奇心，用好奇心去了解这个世界，去感受人类的进步。但是，青少年朋友，好奇心也不要过于旺盛，还是要有个限度。控制好自己的好奇心，才能够利用好奇心。

脑子越用越灵活

一个学习好的学生通常是一个爱提问、会提问的学生。因为学习和思考两者往往是相辅相成的。老师提出问题是为了启发我们去思考，我们提出问题是为了启发自己的思维。

如果你提问的能力越强，思维活动就越活跃、越深刻。勤动脑，大脑就会越发达。我们在不断地提出问题、分析问题和解决问题的过程中，就会培养出创新的精神，无形中就提高了自己思维的活跃度。这样一来，你的学习就进入了一种良性循环，还会担心学习不好吗？

正如爱因斯坦所说："在科学研究中，提出问题要比解决问题难得多，意义也大得多。"因此，培养我们的问题意识是十分重要的，也是非常必要的。带着问题进教室，带着答案出教室，才能达到我们学习的目的。

有时，我们很多人怕被老师和同学们嘲笑而不敢提问。但是更多的情况下是不会提问。不怕有问题，就怕没有发现问题，这才是关键。那么，我们怎么学会提问呢？这里也是有诀窍的。

提问，光靠有勇气还是不够的，我们还要在不同书本、不同理论之间进行比较，要把过去熟知的知识和新学习的知识进行比较，要从概念上判断和推理。

这就需要我们事先对书本上的知识进行预习。对于不懂的问题做好记录，在上课的时候，带着问题去听课，那么听课的效率也会显著提高。在听课的过程中，我们如发现新的问题，可以及时向老师提问，将其解决。以下是几种提问方式。

递进式提问

我们在学习地理知识的时候，通常采用的提问方法是递进式提问。比如，我们知道地球是椭圆形的，那我们就可以进一步问：地球为什么是椭圆的？

怎么证明地球是椭圆的？地球是椭圆的会给我们带来怎样的影响？如果地球不是椭圆的，世界会怎么样？月球是不是也是椭圆的？

这样的提问层层深入，会让我们一步步地揭开包括地理在内的众多学科的奥秘，还能从中学到更多的知识呢！

比较式提问

比较式提问通常用在一些文科知识的学习过程中，比如区分一些词语的具体用法时就可以采用这种方式。以范仲淹的《岳阳楼记》为例，在这篇文章中，有这样一句话："衔远山，吞长江。"如果我们把这个"衔"字跟"吞"字分别换成"连"和"接"，变成"连远山，接长江"是否可以呢？如果这样换了，我们就会发现文章的意境差了很多，尽管它们的词义相似，但是"连"和"接"在气势上远不如"衔"和"吞"。通过比较式的提问方式，我们就能深刻体会到类似的词句中的细微 差别。

矛盾式提问

什么是矛盾式提问呢？就是有意从相反的方面，提出假设，以制造矛盾，激发我们探索问题的兴趣。这种提问方式可以加深我们的思维深度。发现矛盾和化解矛盾是学习中必不可少的环节。

例如在《孔乙己》这篇课文的结尾，有这样一句话："我到现在终于没有见——大约孔乙己的确死了。""大约"和"的确"正好是一对反义词，在一句话里出现，难道不是矛盾的吗？

如果能发现这一点，那你就算得上是一个善于思考的好学生了。其实，这句话中"大约"是因为鲁迅没亲眼看见他已经死去，只是一种猜测。说"的确"的意思是因为孔乙己已经很久没出现了，而且根据传言，推测应该是死了，这是一种肯定。这看似矛盾的词语，实际上却是和谐统一的。

另外，在这个问题上，我们还可以进一步地进行提问，如果我们都推断孔乙己大约是死了，那么，孔乙己大约已经死了的依据是什么呢？如果我们推断孔乙己的确死了，那么，孔乙己的确死了的依据又有哪些呢？这样一来，我们就能更深入地学习这篇文章了。

重点式提问

真正会提问的人，一定懂得抓住重点问题进行提问。在学习的过程中，我们会遇到很多问题，如何筛选这些问题，抓住重点问题进行提问，是培养我们学习能力的一个关键。

比如我们在学习物理知识的时候，会发现弹珠在地上会越弹越低，直至落地不动；扔出去的标枪在飞出一段距离后也会落下；皮球在地上滚动一段时间后就会停下来……

这些看似毫无联系的事情其实蕴含着一个核心的问题，那就是：为什么这些东西都会停下来？这个问题就是重点问题，解决了它就等于解决了若干个不同的问题。

随着老师的讲解，我们就会知道物理学的"能量守恒定律"，这是上述所谈到的那个重点问题的答案。我们有了这样的一个答案，就可以举一反三，解决更多的问题了。

总之，随着问题的解决，我们就可以体会到学习的快乐，从而成为会学习、勤提问、善思考、能答疑和善创造的好学生。

把握提问的时机

提问是一个很好的学习方法，但提问的时机也很重要，因为有的时候，问题就像火花迸发，转瞬即逝。如果不能及时提问，就会影响学习的效果。如何把握提问的时机，以下几点可供参考。

在课堂上提问

在课堂上提问是最好的时机，因为这样做可以及时地得到老师的帮助和解答。

此外，你感到困惑的内容通常也是班级其他学生感到困惑的，对于这一点，老师可能要求你们进行讨论，通过讨论来寻求问题的答案，使你得到更快的提高。

如有需要，可以用提问来打断老师的讲课，不要为此而感到害羞。特别是当一些问题模糊难解的时候，使老师放慢讲课速度或者停顿一下对整堂课来说都是有益无害的。但你也不能过多地打断老师的讲课，要确信你的问题对你来说确实重要的时候，才可以这样做，要不然，老师可能会很恼火的。

在课间时提问

有些问题需要我们在课间休息的时候提问。但要记住：这些问题一定是在你请求帮助之前先独立地思考过的，这些问题经过思考和查找其他书籍都不能得到解决的；或是自己以为找到了答案，但还感到似是而非的；或是知道答案，但对答案不太明白。老师的解答在学习过程中只起补充作用，而学习的主要过程必须自己独立完成。

求助于同学

学习中，求助于其他同学对我们有很大的帮助。但在求助之前，应对相关的知识或内容进行预习，从中发现问题。一般来说，预习时应在难点处求疑、困惑处求疑、关键处求疑、无疑处求疑、易错处求疑之后，带着这些问题求助于同学，并与同学一起讨论，来发现学习中的更多不解之处，从而相互促进，共同进步。

比如，在课文《二六七号牢房》中有这样两句话："从门到窗子是七步，从窗子到门是七步……这个，我很熟悉。""走过来是七步，走过去是七步，是的，这一切我很熟悉。"从这两句话中，我们很容易就能知道牢房很简陋、狭窄。但是这些平淡无奇的语言，仅仅要表达这个意思吗？不是的，我们不妨试着多问几个"为什么"？

例如："这里为什么要写这四个'七步'，两个'熟悉'呢？""为什么要用来回往复的句式呢？""为什么要放在文章开头呢？"总之，带着问题求助于同学，并与同学一起讨论，可以激发你问问题的兴趣，提高你解决问题的能力，在相互促进中使知识掌握得更牢固、更广泛。

用质疑的眼光看世界

俗话说："学贵在疑，小疑则小进，大疑则大进。"这句话给我们学习上的指导意义很大。学习中有质疑的精神，敢对书本上的知识提出质疑，才能有所开拓，有所进步。

"学习"和"质疑"是我们在获取知识的过程中经历的两个阶段，学习的知识越多，我们对知识的质疑就越多。用质疑的眼光看世界可以让我们思考更多的问题，让我们更加用心地钻研问题、解决问题。

在循环往复的质疑和求证之下，我们的认识水平会不断提高，从这个意义上说，"质疑"是"创新"的源泉。科学离不开质疑，如果创新性是科学进步的"油门"，那么质疑主义就是"刹车"，两者缺一不可。我们应大胆质疑。

质疑不仅是源于知识经验冲突的一种反应，更是一种规范，需要"有条理的质疑主义"。

科学需要确切的证据，这不仅意味着我们要排除一切好恶偏向和主观推测，还意味着不能过分依赖原有知识和经验，甚至权威的解释也不是最终的判断标准，在科学问题中，上千人的权威并不一定比单独一个人的谦卑的论据更有价值。

人们常常把知识比作海洋，海洋是无边际的，知识也是无止境的。一个人无论他有多大的学问，总会有无知的地方，而多疑、善疑、质疑、探疑则是获取新知识的途径。

正是基于这一点，法国伟大作家巴尔扎克说过："打开一切科学的钥匙毫无疑义地就是问号，而生活的智慧，大概就在于逢事都问个为什么。"

的确如此，如果生物学家达尔文没有对"特创论"的质疑，就不会有"自然选择学说"的确立；如果天文学家哥白尼没有对"地心说"的质疑，也不会有"日心说"的创立。所以说，只有"疑"才能使得我们的智慧之树开出艳丽的花，结出丰硕的果。

但是，我们必须明白，"疑"是建立在丰富的知识和认真思考的基础之上的，绝不是无端的猜疑或随便的怀疑。

可是我们有许多青年不善于发现。他们相信，书上写的便是正确的，前人说的便是真理。他们迷信书本，崇拜前人，不敢越雷池一步。这样的人，自然不会有什么发现，更不可能有什么创见。

在读书学习中，有的青少年往往还会犯一个低级错误，认为课本是全国统编教材，是经过很多专家审定过的，不可能有错。事实并非如此。有这样一个小故事：

德国数学家须外卡尔特在研究中发现，欧几里得《几何原理》中的一条定理"三角形内角和等于180°"并不适用于所有空间。可他的质疑没有一个人理会，因为两千多年中，人们一直以为欧几里得定理是放之四海而皆准的真理。

直到1854年，德国数学家黎曼从须外卡尔特的思路中得到启发，提出"非欧集合"，须外卡尔特的质疑才得到人们的认可。黎曼指出，欧几里得几何并不是在所有空间都适用，例如在地球面上，三角形的内角和就大于180°。

可见，教材上的东西也并不是全对的，所谓的专家观点也是会有错的。所

以，我们青少年要勇敢地质疑，要敢于说"不"。

在我们质疑书本上的知识的时候，可能是毫无根据的，也可能是有不太充分的根据的，只要我们敢于大胆假设，那么接下来的任务就是小心求证了。

小心求证，就是要我们在现有知识的基础上，对自己假设的问题一步步地进行证明。例如德国数学家须外卡尔特和黎曼对欧几里得《几何原理》的研究求证，最终提出"非欧集合"，认为"三角形的内角和就大于180°"，这就是求证的过程。如果没有"小心求证"这一步，那么我们的假设恐怕都是"空想"。

或许我们的假设有时是错误的，没有关系，我们还是可以从错误中增长知识。或许我们也能像哥白尼发表"日心说"一样，成为一颗开创新学术观点的璀璨明星呢！

善于观察身边的事物

爱因斯坦说："观察和理解的乐趣是自然界赐予的最美好的礼物。"拥有一双善于观察和发现的眼睛，对于我们提出问题来说是至关重要的。

那么，什么才是观察呢？我们每天看到太阳东升西落算观察吗？看见刮风下雨、打雷闪电算观察吗？

不算，因为我们没有真正用心留意它们，没有有意识地去寻找自己需要的信息。一个善于观察的人可以提出很多问题，即使在很寻常的事物中都能发现很多别人看到却没注意到的东西。

一个阿拉伯人在路上与牵着骆驼的同伴失散了，他找了整整一天也没有找到。傍晚，他遇到了一个贝都印人。阿拉伯人询问贝都印人是否见到失踪的同伴和他的骆驼。

"你的同伴不仅是胖子，而且是跛子，对吗？"贝都印人问，"他手里是不是拿着一根棍子？他的骆驼只有一只眼，驮着枣子，是吗？"

阿拉伯人高兴地回答说："对！对！这就是我的同伴和他的骆驼。你是什么时候看见的？他往哪个方向走？"

贝都印人回答说："我没有看见他。"

阿拉伯人生气地说："你刚才详细地说出我的同伴和骆驼的样子，现在怎么又说没有见到过呢？"

"我没有骗你，我确实没有看见过他。"贝都印人说，"不过，我还知道，他在这棵棕榈树下休息了一段时间，然后向叙利亚方向走去了。这一切发生在三个小时前。"

"你既然没有看见过他，这一切你是怎么知道的呢？"

"我确实没有看见过他。我是从他的脚印里看出来的。你看这个人的脚印：左脚印要比右脚印大且深，这不就说明，走过这里的人是个跛子吗？现在再比一比他和我的脚印，你看，他的脚印比我的深，这不是表明他比我胖吗？你看旁边，骆驼只吃它身体右边的草，这就说明，骆驼只有一只眼，它只看到路的一边。还有那些聚在一起的蚂蚁，难道你没有看清它们是在吸吮枣汁吗？"

"你怎么确定他在三个小时前离开这里？"

贝都印人解释说："你看棕榈树的影子。在这样的大热天，谁都想坐在树荫下凉快一下的。所以，可以肯定你的同伴曾经是在这休息过。阴影从他躺下的地方移到现在我们站的地方，需要三个小时左右。"

阿拉伯人虽然半信半疑，但还是急忙朝叙利亚方向找去了，果然找到了他的同伴。

事实证明，贝都印人说的一切都是正确的。读完这则故事，想必你也会钦佩这位贝都印人敏锐的观察力。

注重观察细微之处并发现其内在价值，这是许多大企业家、艺术家、科学家以及其他伟大人物的成功之道。观察不仅能发现问题，有许多问题也是通过观察才能找到解决的途径。

我国某省出产的香榧子是很有名的。可是，有些香榧树却出现几年不结果的现象。浙江会稽山区果农蔡志静和青年教师汤仲埙，长年对香榧树进行了细致的观察，终于发现问题是出在授粉上。后来采用了人工授粉，香榧子的产量一下子提高了。

可见，观察是使自己拥有一双慧眼的重要途径。养成善于观察的好习惯，能促进我们创新能力的发展，将会对我们的人生产生重要的影响。

第二章　学习也要讲技巧

在学校学习中，为什么同一个班级有的学生成绩好，有的学生成绩差呢？这是因为学习成绩好的学生拥有自己的一套学习技巧，每个同学的学习技巧不同，但其共同点有喜欢阅读课外书、认真写作业、认真对待考试等。

学习要打有准备之仗

俗话说"不打无准备之仗"，凡是在学习或工作中表现好的人，都是善于提前作好准备的人。林书豪之所以每次比赛都能全力以赴，是因为他事前做好各种准备，每天比别人多训练三四个小时以上，同时认真研究好对手战术，才有充分的信心上场应战。

对于我们来说，学习提前作好准备，首先就是预习。预习功课不是可有可无的事情，而是学习过程不可缺少的环节，是提高课堂效率的保障。我们都知道"知己知彼，百战不殆"，这句话就是告诉我们预习的目的就是要做到知己知彼。

预习的作用在于调动学习新知识的积极性，为掌握新知识做好知识和心理方面的准备，熟悉老师要讲的内容，找出疑点和难点，带着问题听课，使听课更具有针对性。

预习好比外出旅游之前，先看一下导游图，大概了解一下要游览的地方，做到心中有数。正如农民种田要备耕、工人生产要备料、军队打仗要备战一样，要想学得主动、收到良好的效果，必须重视课前预习。它是掌握学习主动权的一个重要环节，也是衡量你会不会学习的一个标志。

有的同学认为预习可有可无，"老师反正要讲，没必要事先多伤脑筋"；有的同学认为"自己没预习也照样学得不错，何必再浪费时间"；有的同学认为"成绩好的学生才能预习，基础不好，课都难听懂，更是没法预习"；也有的同学认为"预习虽然好，但功课多，没时间"。这些想法都是不正确的。

其实，课前预习的好处太多了，它可以培养和提高我们独立探索的领悟力，能够帮助我们扫除听课中的"拦路虎"，让我们更主动地去学习。而且预习后，老师口里讲的、手中写的、书上说的，哪里有哪里无，自己一清二楚。这样，就可以把更多的时间用在思考问题上。

有的学生，课前不预习，上课当"录音机"，总喜欢把老师的所有板书一字不差地抄录下来，有时只顾专心抄录甚至耽误了听讲和思考问题。上课记笔记，下课背笔记，做作业时抄笔记，没有进行充分的思考、归纳和整理，其结果是学习效率低下。

适当的预习，还有利于巩固所学知识。这是因为一是预习中独自弄懂的内容，经过了积极思考，就难于遗忘；二是预习中没有弄清的

问题，或者是课堂上仍然没听懂，经过了一番思考和钻研后，听课时豁然开朗，会使你产生强烈的印象，记得更久、更深刻。

课前预习很简单

我们有些同学不是不预习，而是不会预习。其实，预习很简单。我们可以按以下几个步骤去做。

一是明确第二天老师要讲的知识点是什么。不要以为看看课本，了解一下都有什么内容，就是预习了。好的预习应该是在自己的本子上列出这节的知识点，看看前边学习的知识点，与这节的知识点是否有联系。

二是找到新的知识点。在第一步的基础上，在知识点下简要列出自己认为这个知识点的具体内容是什么。

三是思考这个新知识点。可以采取哪些解题方法。一般新的知识点，都有例题。课前预习不应只是看例题，而是自己做一遍。因为例题往往是对这个知识点的某个角度的演示，每一步包含的道理、知识点、解这类题的方法步骤是什么。要将这些内容总结出来。

四是写出对这个新知识点不明白的地方。第二天听讲的时候要注意听，看看老师讲这个知识点与自己的想法有什么出入，有对比才能集中精力，如果你的思路好，甚至可以提出来告诉老师，让大家一起分享它，这就是一种学习的快乐。

五是在一页纸上或者笔记本上将知识点列出来，自己可以画一棵知识点树，每个枝节都是这些知识点的细节，每个细节上列出解题方法。

按照上面的步骤进行预习，并坚持养成习惯，你的成绩一定会出现奇迹般的变化来。

预习的方法

预习大体可以分为三种，一是在新学期开始之前，通读教科书，粗略地了解新学期学习的主要内容；二是粗读一章，了解本章的大概内容，找出重点难点；三是细读一课，分出已懂、不懂和似懂非懂的地方。通常讲的预习，是指第三种。

我们总结了以下几种预习方法，可以帮助同学们结合自己的实际，合理地预习功课。

第一，浏览法。主要是看标题、读目录，从中大致了解全书或某些章节的内容。明确重点，理清头绪，知道自己每学期该学什么，学到什么程度，重点应该放在哪里。明确现在学什么，今后学什么，其前后关系又是如何等。

第二，分步阅读法。具体过程是这样的。首先认真通读教材。边读边思考，找出重点、难点和疑点，可以适当做笔记或批注。其次利用工具书、参考书扫除障碍。再次对不懂的问题进行分析。如果存在知识缺陷要及时补救，把经过努力还不懂的问题记下来等上课时认真地听老师讲解。最后读完教材后合上书本，围绕预习任务思考一下：教材讲了哪些内容？主要的思路是什么？哪些是新知识？与新知识有关的旧知识是什么？还有哪些问题不理解？如果时间允许可以试做一些练习题，检查一下预习效果。

第三，问题导向法。即预习从新课的练习开始。在教材中寻找直接的或隐含的问题答案，把做习题同阅读教材结合起来。

第四，试答法。试答法是检验预习效果最好的方法。就是预习后，试做课本中的题目，检验出尚不理解的问题。需要说明的是，尝试作答，不能钻牛角尖，预习时对课后的练习题能做出则做，做不出就停下来想一想，分析一下原因，或重新再预习一遍，再尝试作答，实在做不出、想不明白也不要紧，可以先做好记号，留在上课时解决。

第五，单元预习法。即按课程的独立章节预习。一个单元的知识点间都会有有机联系，系统性也比较强。老师对每一单元的教学，都会十分注意通过演示实验、电教影像甚至调查等手段，引导学生熟悉知识重点，解决难点。

老师在单元授课后期，练习量通常比较多，还会有单元知识检测。如果你注意单元预习，对每一单元用20分钟左右时间，认真阅读课文，了解课文讲述的概念、公式、原理，观察图表含义，注意掌握实验步骤、规范的说明，思考课文疑难所在，则费时不多，便能与老师的单元教学设计配合紧密，获得良好的效果。

第六，定量预习法。所谓定量预习法，实际上就是依据自己的生活规律，制订一个科学的预习计划和程序，在预习时定时间、定内容、定数量、定质量，从而提高预习效率。

防止课堂走神的小诀窍

青少年朋友，你是否经常在课堂上走神溜号呢？你是否上课时也想专心听讲，但就是无法控制"走神"现象，管不住自己呢？是不是经常胡思乱想，或者是在本上、书上乱画，或者是玩文具盒里的学习用具呢？或者在上课的时候和周围的同学说话、传纸条逗乐？

　　你是不是人在教室里上课，心却在操场上和别的班级同学一起上体育课？别人都在聚精会神地听课，你的思想却像一匹脱了缰的野马在草原上狂奔乱跑，想让它停也停不了呢？

　　你也知道，这些毛病是不好的，你想彻底克服这样的毛病吗？告诉你一些小诀窍吧！

　　要想解决上课溜号的问题，首先，要强化"有意注意"。要善于支配和控制自己的精神，上课铃一响，万事抛在脑后，使上课成为一种自觉行动。作为学生，要努力克制自己不受外界干扰，把注意力集中在课堂学习上。要做到这一点最根本的还是应当在提高学习兴趣上面下功夫。

　　因为说到底，对一件事的兴趣程度与对那件事的注意水平是成正比的。不信你想想看，做游戏或者看动画片的时候有谁会溜号？奥秘就在于感兴趣。因此，从这个意义上看，树立明确而自觉的学习态度，使学习成为自己由衷喜欢的一件事，面对干扰时就能做到视而不见、听而不闻了。

　　其次，告诫自己，分离干扰。外在无关的刺激常常会干扰我们的注意力。如汽车鸣笛声、高音喇叭的叫声、机器的噪声、嘈杂的人声等，都会使我们心烦意乱或心有所迁，很难集中注意力学习。

　　针对外界的干扰，我们除了可以更换环境以外，还可以提醒自己用顽强的意志力抵挡外界的干扰。比如，我们可以暗示自己："我决心抵挡外界干扰，外界的干扰越大，我就越是能集中注意力，做到充耳不闻、闹中取静。"

很多时候的干扰，不是外界干扰我们，而是我们受外界干扰。当我们不愿意受外界干扰时，外界就再难以对我们产生影响了。

再次，可以借助词语提醒。例如：俄国作家果戈理在注意力分散、无法下笔时，就在纸条上写下了这样的句子："我今天为什么写不出？"然后渐渐地进入专注状态。作为学生，上课分心时，也可自我提醒，如"老师在讲什么"，"老师为什么要这样分析"，"我要注意听讲，别开小差"或写张纸条"注意力要集中"等，以此来提醒自己。

最后，要跟上老师课堂上对注意力的调换。正常情况下，中学生的注意力能保持在30～40分钟，超过这个时间就会因为大脑疲劳而注意力涣散。所以，聪明的老师很少拖堂，而且在课堂上总是会想方设法地通过教学形式和内容的变换，来调换我们的注意力。

如数学课上，老师讲解新知识后就会变换形式让同学做练习，然后再由老师和学生共同分析这些知识的用法，这样有计划地变换讲课的内容、形式，使学生们始终保持注意力集中。聪明的学生，就应该主动跟上老师对注意力调换的节奏。同时，要利用下课时间抓紧休息，而不是学习。

课堂记笔记的正确方法

青少年朋友，你写课堂笔记吗？你知道怎么写课堂笔记吗？课堂笔记对于我们学习和巩固课堂知识有怎样的重要性，你知道吗？

课堂笔记是通过耳听、眼看接受课堂知识信息，并通过脑想、手记来完成记录的一种学习方法。一般应记的内容有：老师在黑板上写的，往往是课堂重点，应该记下，尤其是一些重要的论点、论据、定理、定律、公式、概念、结论和解题方法等；听课时发现的问题要记下。这是新的疑难点，可供自己在课后思考或向别人请教。

为了能记录好最实用的课堂笔记，我们需要在记录好课堂笔记时做到以下事项。

记提纲一目了然

有的同学反映，课堂上记数学笔记，常感到听了来不及记，记了来不及听的现象。其实，没必要记下所有的东西，记笔记应详略得当，提纲挈领。记好提纲，使得一部分内容学下来后，觉得脉络清楚，然后可根据提纲进行回忆和补充。有了合适的提纲，我们在整理笔记时，就可以进行补充和完善，加深对相关内容的理解和把握。

按图索骥

课堂笔记，记思路是切实有效的，有了思路，就像航海时有了航标灯，自然就有了前进的路线和方向。记思路也要因地制宜，如果对于一个难题，听了或看了仍头绪不清，难以理解，比较茫然，这时，记思路就应该详细些，并记好结论，方便复习和思考。

记重点有的放矢

记课堂笔记，首先要关注开头和结尾。在开头时就能明确提纲、把握重点，记录时就有的放矢。结尾虽话语不多，却是这节内容的精彩提炼和复习巩固的提示。

高度关注老师反复强调的内容。重点内容在课堂必会得到反复的强调，有时老师会把有关内容框出、画出，或者用彩色笔写出以求引人注目，突出重点。明确了重点，我们的记录就能详略得当，泾渭分明。在记录重点时，也要不失时机地记下有关解析内容的经典范例和突破重点的巧思妙解。

记疑难追根求源

老师在讲课的时候，经常会补充一些经典的例题或恰当的比喻来引入概念、突破难点、强化重点、说明方法或优化思维。

这些经典的范例，有的会让我们恍然大悟，有的会让我们回味无穷，有的会让我们引发思考。记下补充的内容，用到的时候可以信手拈来，使得我们在学习的过程中，发挥这些补充内容的功能，深刻理解知识，牢固掌握方法。

记总结高屋建瓴

每节课听下来，老师都会归纳或引导同学归纳所学知识的精髓。记录好总结的内容，使得所学的相关内容变得一目了然。要是能够准确而又有条理地记录下来这些关键的内容，可以减轻我们学习上的许多不必要的负担，少走许多弯路。如果自己能给出言简意赅的总结，说明这部分知识得到深刻理解，方法也掌握得游刃有余了。

记感悟标新立异

学习可以分为三个层次，一是"懂"，就是听懂老师讲解的内容或看懂书上的有关内容，这是学习要达到的初级层次。二是"会"，需自己动手、动脑进行模仿练习和实践。三是"悟"，就是由所学知识悟出道理来，对所训练的方法悟出规律来，从本质上进行把握，这是学习的高层次，也是我们追求的效果。

总之，记录好课堂笔记，是我们上好课的必要手段，我们要把老师课上传授的内容，转化成笔记，再牢牢地掌握在自己的脑海里。这样，一本笔记在手，你的学习可以不费吹灰之力，达到事半功倍的效果。

不要忽视读课外读物

青少年朋友，你读课外读物吗？你知道课外读物对我们的学习有怎样的帮助吗？你知道我们在课外读物中学到的知识有多么庞杂吗？不要以为只要把课本的知识弄明白就万事大吉了，因为只读课本上的知识，你永远成不了最出色的学生。

在推行素质教育的要求下，进行广泛的课外阅读，成了我们青少年的必修课。课外阅读不仅可以使你开阔视野，增长知识，培养良好的自学能力和阅读能力，还可以进一步巩固你在课内学到的各种知识，提高你的认知水平和作文能力，形成良好的道德品格。

课外阅读有助于我们形成良好的品格和健全的人格

当你大量阅读富有人文精神的作品时，内心世界很容易产生震荡。一部英国儿童小说《哈利·波特》，竟然征服了全世界，连成人都不禁为小主人公的人格魅力所折服。

读中国文学、优秀中华人物事迹更有必要：从屈原"伏清白以死直"的忠诚，李白"安能摧眉折腰事权贵"的傲骨，范仲淹"先天下之忧而忧，后天下之乐而乐"的胸怀，文天祥"留取丹心照汗青"的豪情到鲁迅"我以我血荐轩辕"的赤子之心……几千年的民族精神，在这些文字中呼之欲出。你在自己阅读课外书时，读懂其生动有趣的情节，心中再现栩栩如生的形象，体味关于爱、友谊、忠诚、勇敢、正直乃至爱国主义等永恒的人类精神，就能开启自己的内心世界，从而品味人生，升华人格。

课外阅读有助于在读中积累语言

所谓"书到用时方恨少"，这个"少"字的含义有两个：一是书读得少，二是记住得少。如果你能够多读一些书，多积累一些词汇，那么等到自己说话、写作时恰当的语句便能呼之即出，信手拈来。"熟读唐诗三百首，不会作诗也会吟"说的就是这个道理。

课外阅读有助于理解和运用知识

不少家长甚至部分老师都存在着一个认识上的误区，总觉得学生看课外书是看"闲书"，恨不得我们每分每秒都在听写、背诵其中的知识，似乎只有这样，才能提高我们的学习水平。这种想法，其实还是应试教育思维在作祟。

　　有这样一位理科高考状元，他在高中的3年内借书100多册，平均10天阅读1册。他的阅读面非常广泛，社会科学、自然科学均有涉及。既有新课标指定的课外读物，如《论语》《三国演义》《红楼梦》《老人与海》，也有学术类著作如《二十五史》《王阳明》《菜根谭》等，还有教辅类书籍等，当然，也少不了一些小说、散文，以及各类杂志，如《傲慢与偏见》《飘》等以及李敖、余秋雨、冰心等著名作家的作品。

　　到高三时，他的阅读目标更明确了，既有理科的教辅书，介绍有效学习方法的书籍，还有清华等名校的介绍资料。

可见，课外阅读并不是读闲书，优质的课外读物反而有助于我们理解和运用知识，对我们今后的学习很有益处。

课外阅读有助于培养自主学习的良好习惯

通过大力推动课外阅读，让我们自己去获取，去探求、寻觅和掌握相关知识，从而感受读书的乐趣，激发更强烈的读书欲望，最终形成良好的学习习惯。

课外阅读有助于开拓我们的思维

书读多了，思路自然开阔，思考问题的方法也就不再单一了，从这个意义上说，阅读优质的课外读物，不但能"节省"我们的学习时间，而且有利于学习潜力的深度发掘，撞击出我们内心的智慧火花，从而取得优异成绩。读书的力量就在于此！由此可见，加强课外阅读，不仅是时代对我们青少年的呼唤，更是世界范围教育成功的经验，也是我们青少年的精神食粮。

那么，我们该如何选择课外书呢？一般说来，我们要把握下面几个大的方向。

第一，值而不费。读书是为了进步，为了提高自己，所以要读那些对自己有帮助的书，这样才值得，才有效。读书若只为了消遣有趣，于己无益，还是一种浪费。所以要根据自己的需要和努力方向选书。

第二，易而不难。要选择那些语言通俗、内容较浅显的读物。有许多好书，比如社会科学方面的名著、科技方面的名著，我们中小学生一般难以读懂，所以不宜选择。为了选好读物，我们除了自己要锻炼选择、判断能力外，还可以多求助于老师或有关部门。

第三，好而不劣。所谓好书，就是书的思想内容好、知识多、文笔好。劣书则是指那些内容不健康、文笔差、错误多的书。对于黄色书刊要坚决抵制。

第四，全而不偏。读物的范围大体有：加强思想修养的书，提高文艺素养的书，扩展知识范围的书，如科普读物、历史读物、地理读物等，配合课程学习的参考用书。

写作业要讲究技巧

一提到作业，可能很多青少年朋友感到头疼，你是不是会说："每天面对老师留的一堆作业就已经够烦的了，为啥在这里还说作业呢？"

　　这里想告诉你的是，你天天都做作业，但你真正会做作业吗？如果养成好的做作业习惯，可以让你的学习突飞猛进，如果你每天花了大量的时间做作业，可是却没有取得应有的效果，那么，说明你可能还不会做作业呢。

　　这里教给你一些"玩转"作业的方法，你肯定会问："作业怎么玩儿呢？做作业可要认真啊！"没错，写作业是要认真，不过技巧也很重要！

　　我国中科院院士、海洋工程专家邱大洪曾说过："每次作业都要严肃认真地对待。平时做作业和考试一样，考试就和平时做作业一样。"

　　新战士第一次学习打靶，射击要领非常简单，就是目标、缺口、准星在一条直线上，但是真让新展示射击，就不一定能打准目标，须经过多次练习。能打准静的目标，一旦让他打移动的目标，他又不一定能打准了。白天能打准，晚上光线暗时，又打不准了，还须进行夜间训练。

　　我们学生学习也是如此，通过适量的作业、练习，才能形成熟练的技能，增长聪明才智。所以，适量的作业是促进我们学生掌握知识的需要，是大脑思维发展的需要，是把知识转为能力的桥梁。

写优质作业

什么是优质作业？优质作业有一个"10字"标准，那就是及时、准确、快速、规范和独立。

第一，及时。即按时完成不拖延。有的学生做作业，拖拖拉拉，占用了过多的时间。例如，本来安排好星期天下午做作业，可是有同伴来找，于是和同伴玩去了，玩完了觉得又累又饿，把做作业的时间又拖至晚饭后，晚饭后浑身又充满了倦意，即使不看电视马上去做作业，也只能应付着把作业做完。这是一种很不好的习惯。

第二，准确。就是争取"一遍做对"。准确首先来源于对题目的正确分析，分析不正确，绝不会有正确的答案。其次要有认真的态度和习惯。

钱学森说过："科学是严肃的、严格的、严密的，是不允许马虎的，所以科学技术工作者必须有良好的科学工作习惯，这种科学工作习惯不是凭空得来的。"因此，他要求青少年学生从小事做起，每一

个习题、作业，每一个标点符号都要力求准确，培养"三严"的学习习惯。

第三，快速。做作业还要讲效率，不但要做对，而且要做得快。快速、高效能反映一个人思维的敏捷性，是创造型人才的重要特征。再者，现在各种考试的题量都比较大，时间紧，只有平时养成了快速解题的习惯，才能使考试顺利完成。

第四，规范。例如，解题格式要符合各类题目的要求，条理清楚，层次分明；解题步骤该要的要，不该要的不要；恰当地运用学科术语；书写字迹工整，干净利索，无漏字、错字。

第五，独立。有的学生过分依赖家长和参考书，有的学生懒于验算，这都是做作业的不良习惯。抄袭作业更是自欺欺人的做法，有百害而无一利。

还有，让老师或家长提醒后才坐下来做作业，这更是一件糟糕的事情。完成作业是自己的事，应该自己负起这个责任。

另外，要注意先复习后做作业。我们常常看到一些同学，下了课，书也不看笔记也不翻，就急急忙忙地做作业。有的则是现翻书现做作业。

正确的做法应该是先复习后做作业。经过复习，头脑对知识会更加清醒，做题也有了可靠的依据，又快又好。曾有一位高考状元谈到他的做作业法则，即先预习后听课，先复习后做作业。

"做作业时不要急于打开本子就做，一定要先认真看书，看课堂笔记，把概念搞清楚，公式自己试着推演一遍，看看有关例题中对公式如何应用、有何技巧。这样，解答问题就能做到胸有成竹，使作业错误少，效率高。"

要认真审题

做作业前，我们要切实搞清当天所学知识后再动手做作业。不要一拿到题目就做，或一边看书一边做题。

做作业时要认真审题，首先必须理解题意，即要弄清题目中已知什么，要求什么，进而寻找解题的思路与方法，设计好解题的步骤或编写好解题提纲。审题是否认真、仔细、全面，是关系到解题成败的关键。同时，在做题的过程中要认真细心，来不得半点的马虎。因为如果在平时的作业中都粗心大意，养成对作业无所谓的坏习惯，一到考试时便会吃大亏甚至会带来终生的遗憾。

学会检查修正

做完作业和同学对答案，交了作业等老师判对错，自己心中完全没有底，这都不是好的学习态度。应当学会自己独立地检查修正作业，这是培养独立思考能力的重要途径，也是保证作业质量不可缺少的一步。怎样检查和修正作业呢？办法很多，常用的有下面几种。

逐步检查法。即从头至尾逐步检查。如果每一步都没有问题了，也就保证了整道题的正确性，几何题一般都这样检查。对于作文，一般采取逐段修改的方法，看字、词、句用得是否准确、通顺，每段的意思是否表达清楚了，段与段之间的联系是否得当等。

结果代入法。就是将所得结果代入原式或原题看看是否合理。例如，在解方程或解应用题时，将求得的结果代入检验，就属于这种方法。

重做法。就是把题目重新做一遍。这种方法虽然呆板倒也常用。此法比较适合简单的题目。

验算法。就是利用一题多解或逆运算进行检验。此外，对于某些带有规律性而又单一的题目，观察法往往更有效。

应对难题和错题

遇到难题时，尽可能独立解决。一时想不通，可先放一放，甚至可以去做其他的作业。不少学生有这样的体验，有时放弃难题去做另一科作业，突然之间，原来的难题就有了解决办法了。

对于那些实在不能独自完成的，也可以请教老师和同学。如果有可能的话，可以再找类似的题做一遍，检验一下是否真正明白了。但是，切忌让别人替做，这样做不仅欺骗了老师，更重要的是欺骗了自己。另外正确对待作业中的错误，作业本发下来，不少同学关心的是自己做对了多少题。

其实，应该首先关心自己错了多少题，找出原因及时订正。因为作业中的每一处错误都是学习上的一个漏洞，如不及时修补，日积月累，漏洞就将补不胜补。

古人说"前车之覆，后车之鉴""吃一堑，长一智"，这些说法是很有道理的。作业出错后能迅速改正，学习成绩就会稳步提高。

学会克服烦躁心理

持续不断地做同一种事情，时间长了会感到厌烦，这种现象叫作"心理饱和"。

有人做过这样的实验：同样的作业连续做20次，和一天做一次分成20天完成，两者相比，后者的效率比前者高出30%。而且年级越低，就越明显。因此，在做作业时，如果我们数学做腻了，就做语文或外语；语文做厌了，就去看物理或化学；书面作业做腻了，就去做口头作业。有时还可以将作业和休息结合起来，使大脑原来的兴奋中心得到全面的休息后再去工作。

总之，作为青少年，我们要养成认真高效地完成作业的好习惯，进一步巩固已掌握的知识，并通过自己的努力，最大限度减少错误，从而提高自己的学习能力。

考前究竟怎样准备

俗话说："临阵磨枪，不快也光。"这也就是说，我们要做好复习，复习好了，就像士兵上战场前准备好了一切，打起仗来得心应手。

考前最容易犯的毛病是不能协调好各科的复习时间和复习内容。语文、英语、政治、数学、物理、化学，门门要考、门门要看，可时间就那么多，一时不免有些手忙脚乱。应对的办法是根据时间的多少和自己各门功课的好坏，安排一个复习计划。

复习时每一个人的方法不同。但是，这时再从头到尾地、按部就班地复习，时间已经不允许了。每次考试前复习可以不看课本和参考书，而是写一份考试课程的提要，根据自己的回忆，把重要的概念、公式、难点、学习心得、解题技巧逐一写出来，按学科本身的体系排列。

当你可以把一门课的每一部分都回忆出来并写清楚，你就能感到考试有把握。然后，把写提要时发现的弱点，拿出来看看，进行重点复习；或者针对这些弱点找来一些习题自我训练一下，量要大，题要难，这样的考前复习花的时间不多，但效果往往比较好。

科学研究表明，人每天有四个高潮记忆点。

第一个是清晨6时至7时，此时大脑已在睡眠过程中完成了对头一天所输入信息的编码工作，加上没有前后识记材料的干扰，识记印象清晰，记忆效率高。此刻学习一些难记忆而又必须记忆的东西较为适宜。

第二个是上午8时至11时，此时我们体内肾上腺素分泌旺盛，精力充沛，大脑具有严谨而周密的思考能力。因此识记材料的效率很高，记忆量也较大。

第三个是傍晚6时至8时，我们可以利用这段时间来回顾、复习全天学习过的东西，加深记忆，分门别类，归纳整理。

第四个是临睡前一两个小时。这是因为这段时间发生记忆后，就不再输入其他信息，故不存在"后摄抑制"的影响；同时，入睡后，大脑会无意识地进行信息编码整理，有利于记忆的保持和摄取。我们可以利用这段时间对难以记忆的东西加以复习。

我们青少年应根据此记忆规律，安排好各门功课的复习时间表，才能收到较好的学习效果。高效复习还要围绕一个中心内容来进行，既不要超越教学大纲，也不要离开教材范围。每次的复习量要适当，不能太多。还要注意文理交替，也就是说尽量不把内容相近的科目放在一起复习。同时要有集中的时间和安静的复习环境。我们可以制订一个复习计划，某一科的复习时间相对集中。复习时尽量减少干扰，安静的环境有助于我们集中注意力。

另外，复习前的准备工作也很重要。平时要利用零星时间，把与复习有关的书、笔记、作业试卷、参考题准备好，以便复习时可以综合比较，避免浪费时间。

当然，复习笔记不能马虎。在复习中应及时地把自己思考总结出的完整而系统的知识记下，有的可用图表。汇总起来，就是编织的知识之网。由厚厚一本书变成薄薄几页纸，既起到提纲挈领的作用，又有利于下一次复习，强化记忆的作用。

还有一点，我们青少年一定要牢记，在考试的前一天，应当舒舒服服地睡个午觉，出去玩，听听音乐，看场电影，松弛一下，这样对第二天考出好成绩是很有利的。

因为有科学研究表明，考试前的一两天再重复已复习过的东西，不但没有效果，反而会在我们心理上产生不良效应，干扰以前的记忆。

第三章　读书尚须修品行

　　品行端正的人，必然是一个具有高尚道德情操、积极进取、心理健康的人，是一个遵守秩序、行为规范的人，是一个热爱生活、富有理想的人。我们青少年要做这样的人！

做一个诚实守信的人

诚实，就是忠诚老实，就是忠于事物的本来面貌，不隐瞒自己的真实思想，不掩饰自己的真实感情，不说谎，不作假，不为不可告人的目的而欺瞒别人；守信，就是讲信用，讲信誉，信守承诺，忠实于自己承担的义务，答应了别人的事一定要去做。

你是一个诚实守信的人吗？如果你还不是一个诚实守信的人，那么，从现在开始，你需要彻底改变态度，因为诚实守信是我们通向成功的通行证。

诚实是一个人成功的基础，其理由是：首先，我们要想成功必须先成才，一个人在成才的路上，只有诚实，才能获得他人的理解、支持和帮助，诚实给自己创造了良好的外部环境，孤军奋战的人是难以成功的。

其次，我们必须诚实，诚实才会善待自己，直面人生，全面审视自我，做到既不妄自尊大、自欺欺人，又不妄自菲薄、缺乏自信。只有正视了自己，才能扬长避短，确定正确的奋斗方向，逐步由小的成功走向大的成功。

再次，诚实给我们创造了良好的内在心境。诚信可以使一个人心胸坦荡，仰不愧天、俯不愧地，可以使一个人精神饱满，如沐春风，有创新的冲动与激情。

此外，大家都诚实，就能形成良好的社会环境和风气，从而为我们自己的成功创造条件，形成一种良性的互动。

无论你将来从事什么职业，都需要诚实守信这个基本的品质。看看下面的故事，你或许就知道，诚实守信多么重要。

一个顾客走进一家汽车维修店，自称是某运输公司的汽车司机。

"在我的账单上多写点零件，我回公司报销后，有你一份好处。"他对店主说。

店主说："对不起，小伙子，我们做生意讲求诚信，不能按照您说的那样做，那是不道德的。"

顾客纠缠说："我的生意不算小，会常来的，你肯定能赚很多钱！"

店主告诉他："这事无论如何我们也不会做的。您还是另请高明吧！"

顾客气急败坏地嚷道："谁都会这么干的，我看你真的是太傻了。"

店主也发火了："你要是这么说的话，还是请你到别处谈这种生意吧！我们要遵守我们的底线。"

这时顾客露出微笑并满怀敬佩地握住店主的手："我就是那家运输公司的老板，我一直在寻找一个固定的、信得过的维修店，你还让我到哪里去谈这笔生意呢？我们合作吧！"

店主愣了一下，微笑着说："好吧！不过你选择合作伙伴的方式还真的很特别！"

就这样，店主凭借着自己的诚实守信，赢得了一个大订单，获得了一大笔财富。

读了上面这个故事，不知道你的感想如何。诚实守信，这种品质对于我们每一个人来说都是非常重要的。

青少年朋友，我们从现在开始，做一个诚实守信的人，拥有这个品质，你会所向无敌。

谦虚是成长路上的平安符

谦虚谨慎是一种良好的道德品质。谦虚指虚心、不自满，能接受别人的意见和批评，它包括两个要素：虚怀若谷的精神和实事求是的态度。谨慎则是指细致严谨、小心慎重，有严谨的科学态度和很强的责任心。

俗话说："满招损，谦受益。"意思是骄傲自满会招来损害，谦虚谨慎能得到益处。这是我们历代中华儿女总结出来的为人处世的道理。事实上，古往今来，对人类作出重要贡献的思想家、政治家、科学家，大都是谦虚谨慎的人。

我们为什么要提倡谦虚谨慎呢？因为，人们对于新事物总是有一个从无知到有知、由浅入深逐步认识的过程。人们对世界的认识和所要掌握的知识、技能是无限的，而一个人无论多么聪明，多么有才华，他的知识和本领也是非常有限的。

因此，每个人都应持谦虚态度，不断学习，不断进取。一个人无论经验多么丰富，在错综复杂的客观事物面前，对问题的认识和处理也难免失于偏颇。

作为青少年，我们在待人接物和处理问题时，一定要持谨慎态度，切忌急躁轻率、鲁莽冒失。

一个谦虚的人，有自知之明的人，能够比较清醒地认识自己的优点和缺点，能够虚心地接受别人的意见，能够正确处理个人和他人、个人和集体的关系；一个谨慎的人，为人严谨慎重，观察事物深入细致，分析问题缜密周全，待人接物热情而不轻浮。

法国化学家安德烈取得了成就时，也非常谦虚谨慎。他当选为英国皇家学会会员，欧文斯学院专门为他设立了有机化学的教授职位，格拉斯大学选他为名誉博士，这许多荣誉丝毫没有改变他的谦虚谨慎的为人。

俄国哲学家、文学评论家别林斯基曾说过："一切真正伟大的东西，都是淳朴而谦逊的。"世上凡是有真才实学的人，真正的伟人俊杰，无一不是虚怀若谷、谦逊谨慎的。谦虚是一种美德，也是一种难能可贵的品质。

谦虚谨慎的对立面是骄傲自满。骄傲自满的人自以为了不起，看不起别人，听不进不同的意见，不接受新事物，有了点成绩就停步不前，盛气凌人。

比如，有的人学习上有了点收获、有了点名气，就洋洋自得起来；有的人事业上有了点成就，或者有了点荣誉，就忘乎所以。殊不知，骄傲是无知的别名，自满是智慧的尽头。

谦虚的人，虚心而求实，所以也往往是谨慎的人。谨慎的人，深

思而熟虑，所以也往往是谦虚的人。谦虚谨慎的人，才持重稳健，足智多谋。

具有谦虚谨慎品格的人不喜欢装模作样、摆架子、盛气凌人，而是能够虚心向他人学习。美国第三任总统托马斯·杰斐逊说过："每个人都是你的老师。"

杰斐逊出身贵族，他的父亲曾经是上将，母亲也是名门之后。当时的贵族很少与平民百姓交往。

然而，杰斐逊却是主动与各阶层人士交往。他的朋友中当然不乏社会名流，但更多的是普通的园丁、仆人、农民或者是贫穷的工人。他善于向各种人学习，懂得每个人都有自己的长处。

有一次，他和法国伟人拉法耶特说："你必须像我一样到民众家去走一走，看一看他们的菜碗，尝一尝他们吃的面包。你只要这样做了，就会了解到民众不满的原因，并会懂得正在酝酿的法国革命的意义了。"正因为他的谦虚谨慎，才造就他成为一代伟人。

需要注意区分的是：谦虚不等于自卑。谦虚的人自尊而尊人，虚心以求实，看到自己的不足后，振奋精神，努力进取；自卑却是过低地估计自己，失去了前进的动力与信心。谨慎则既不是胆怯和懦弱，也不是谨小慎微，畏缩不前，而是有实事求是、一丝不苟的严谨态度。谨慎往往要和勇敢结合在一起，表现为胆大而心细，讲究策略而又注重成效。

对于我们青少年来说，最容易产生骄傲自大的心理，如考试又进步了，老师表扬我了等。面对这样的情况时，青少年大多喜欢吹嘘自己，而从来不会反省自己哪里做得还不够好。不要因为一时的成就而得意忘形，要知道我们要学习的东西还很多，只有保持谦虚的学习态度，才能不断进步，不断超越自我。

实践表明，一时反骄破满，容易做到。而一生反骄破满则很难。这就要求我们加强学习，加强道德修养，提高认识水平。只有这样，才能永远保持清醒头脑，才能永远地保持谦虚谨慎的好品德。

亲爱的青少年朋友，让我们力戒骄满，虚心求实，在人生的道路上迈出更坚实、更稳健的步伐吧！

幽默是一种美好品质

幽默，能在给人以乐趣和神韵中展示一个乐观豁达的气质品格。这是聪明人发明的一种心灵健康的灵丹妙药。

幽默是一种非常好的情绪调节剂，是气质好的表现。幽默能给人带来愉悦，使情绪平和舒畅。在工作气氛日趋紧张的现代社会，幽默是非常难得的，它代表了人性的自由和舒展。

人人都追求幽默，但幽默是自发的、可遇不可求的。在我们这样的社会，谁能在幽默上占主动，谁就能很好地控制情绪。

幽默感，是一种高雅而可贵的情趣，是智慧和感情的结晶，幽默思维是一种愉快的思维。具有幽默感的人，往往是乐观主义者，为人处世比较灵活，能比较容易地与周围的人建立良好的人际关系。

人与人交往，难免会发生矛盾、误会和摩擦。但只要我们来点儿幽默，就等于在摩擦得发烫的齿轮中，注入了几滴润滑剂，不致碰得火星四溅，撞得伤痕累累。这是因为幽默具有把人带出尴尬境地，具有引发笑声化干戈为玉帛的特殊功能。

大家都有这样的体会，和幽默风趣的人相处，会觉得非常轻松愉快，气氛融洽。枯燥的会议，因他在而气氛和谐；朋友聚会，因他在而红火热闹；面对严肃的老师，他出语诙谐，松弛对方拉长的面孔；面对拘谨的同学，他妙语解颐，缓和其紧张的心情。假如是参与对方紧张的辩论赛，在激烈的辩论之余，来点儿幽默，将有助于取得最后的胜利。反过来，一个不苟言笑，缺乏幽默感的人，其人际关系也会大打折扣，人们见了他往往会"敬而远之"。

幽默对于事业来说，有助于人们形成良好融洽的人际氛围，良好的人际关系又有助于事业的成功。美国卡耐基大学的研究人员曾就"事业成功之因素"对上万人进行调查，其结果是，在影响个人事业成功的因素中：技术和智慧所占的比重为15%；良好的人际关系则占比重的85%。因此，我们可以说幽默也是事业成功的催化剂。

你学会了幽默，就会积累更多的人气，在同学和老师眼中，你就是一位有意思、容易交往的学生。大家都愿意和你一起玩，你的人气指数就会直线上升。

幽默需要培养

培养幽默感最好先从笑话入门。先听别人说笑话，再广为收集笑话，当然，所收集的一定是那些曾经使你发笑的笑话。等到收集够多了，再分类，并详细研读，揣摩其中意境，务必找出每一篇的笑点，以及处理笑话的手法。如果可能的话，将它背下来，并尝试着用自己的话对人重述一遍，然后观察对方的反应作为自我修正的参考。

有关说笑话，有下面四点要注意。

一是笑话不能听两遍。再好的笑话，第二次听到也会感觉到无味。

二是笑话不能解释，只能意会。描述太多的笑话就会走味。

三是不要给对方太高的期望。最忌讳的是这样的开场白："今天我要讲一个世界上最好听的笑话给大家听……"。

四是不要人未笑自己先笑，要"后天下之笑而笑"。

笑话能够讲顺了，就可以开始尝试着"讽刺"了；和笑话比起来，讽刺需要更精练的语言，才能显示出其"快""准""狠"的特色。当然，除了被讽刺的当事人以外，讽刺也一样能带给大家欢乐。有关讽刺的取材，来自两大范畴。

首先是共同的经验。例如：儿时的回忆、共同的好恶等；其次是向禁忌挑战，包括政治性、生理缺陷、个人形象或特质、威权等，不过要注意场合及措辞，否则可能会伤害到他人。

至于讽刺的方式，可说是五花八门，不一而足，只要充分掌握"脑筋急转弯"的处理手法，同时运用最精简的语言以反应快、准、狠的特色，就能"风火雷电，斩妖除魔"了。

一般常用的方式有：单刀直入法、同音异字法、连续追击法、明褒暗贬法、声东击西法。修习者一定要勤下功夫，才能更上一层楼。

把讽刺的各项手法都熟练以后，对语言的掌握一定能够到达极为精简准确的地步，对修习者自身来说，其反应力、感应力、掌握重点的能力等，一定也会到达一般人不容易到达的境界。这个时候就可以进入"此时无声胜有声"的境界了。

在"此时无声胜有声"的境界中，耸耸肩膀、眨眨眼睛、撇撇嘴唇，皆能与人心意相通，让人领略到乐趣。此时的修习者，套用一句武侠小说的话来说，已是"绝顶高手"了！

修炼幽默感到了最高境界，是幽默感已经脱离了技术层面，而升华成为一种生活态度或是一种人生态度。

此时的你，能在任何事物中看出趣味，能使自己随时处在愉悦的状态中，而且无论身处何地，皆能广结善缘、散播欢笑。

幽默需要自嘲

赵忠祥在主持《正大综艺》节目时，曾说过一个自嘲式的幽默段子。他说："我说我怎么控制不住，吃什么，好像喝凉水都长肉啊！我就去找一位熟悉的王医生。他给我开了一个方子，他说：'你每天只能吃两片面包。'好啊，什么药

都不要吃，只吃两片面包。我挺高兴地就走了。走老远，我又赶紧回来问'不太好意思，人家不是说遵医嘱嘛，您开的药方让我只吃两片面包，倒是挺好，可就是……究竟是饭前吃，还是饭后吃呢？'"

不吃药当然好，只吃两片面包，对赵忠祥小菜一碟。可他却问医生"究竟是饭前吃，还是饭后吃呢？"这句话一般指药物，医生的意思是要他减少食量，而他误认为是三餐之外的零食，想让他减肥是天方夜谭了。

观众自然喜欢他主持的节目。赵忠祥把自己的缺点转化为自己个性的展现，通过恰当的自嘲表现出他乐观向上的生活态度，给人留下憨厚可爱的印象。幽默是"金"，观众自然喜欢赏"金"啦！

幽默需要揣摩

让我们领略一下白岩松在对话中的冷幽默。

学生：我看你有危机感，看起来冷冷的，这是为什么？

白岩松：我喜欢把每一天当作地球的末日来过。

学生：你什么时候才会笑？

白岩松：会不会笑不重要，重要的是懂幽默。

学生：有一天，你发现你的缺点多于优点，怎么办？

白岩松：没有缺点也没有优点的主持人，连评论的机会都没有，有缺点我觉得幸福，他可能是优点的一部分。

学生：我是学历史的，能当新闻节目的主持人吗？

白岩松：今天的新闻就是明天的历史。

幽默口才让白岩松从容回答学生的尖锐问题。他告诉人们"要把每一天都当作世界末日来过",只有细细咀嚼才能品出其中之味。每个人都有自己的缺点,为自己的缺点而幸福是一种自信。

运用幽默的方式把缺点看成是优点的一部分,不仅不会自卑,还会鼓舞别人。"今天的新闻就是明天的历史"这句话很有趣,言外之意"条条大路通罗马,努力吧小伙子"。

话语化解了误解,使学生更深入地理解了白岩松。正话反说,正题反做。一个司空见惯的话题,从听众的逆向心理出发来表达,就可能起到不同凡响的效果。最高境界的幽默只可意会不可言传也。

幽默是一种态度

央视主持人撒贝宁从《今日说法》里严肃深沉的"拍案说法人",到综艺节目里幽默搞怪的"段子手",一路七十二变,他的幽默风趣给观众带来了许多惊喜和笑声。

撒贝宁长得很正统,似乎更适合做严肃节目,但是后来除了法制节目和新闻报道,他还做起了综艺,从《开讲啦》《我们有一套》《了不起的挑战》到《挑战不可能》等。

有人问他:"节目类型跨度如此之大,不会造成特别大的困难吗?"撒贝宁说:"每一个节目给我的新鲜感都不一样,我都挺喜欢。我是一个特别愿意尝试不同事物的人,所以还真的期待能有更多

体验。"

他不喜欢将自己限定在某一个类型里，坚信勇敢跨出每一步去尝试新鲜的东西，找到合适自己的幽默风趣表达方式，一切就都顺理成章，自然也不会很困难。

2015年，央视推出《了不起的挑战》让很多人重新认识了撒贝宁"放飞自我"特有的幽默一面，观众们纷纷惊呼："原来是这样的撒贝宁！"

撒贝宁一出场的行李大搜查，被其他人从行李箱里搜出了增高鞋垫、酒店的纸、洗发水和沐浴露，直呼："我是环保主义者。"

撒贝宁说："做节目时，我始终都是处于发自内心的真诚自由状态。我在这些节目里展现的是自己不同的状态，但都是最真实的我。"

撒贝宁还说："幽默不是一种技巧，而是一种生活态度。"撒贝宁就是这样的人，和他在一起，或许你永远都不会感到无聊，带给你的都是会心的微笑。

幽默源于生活

中央电视台二频道的节目主持人高博的幽默通常都是来源于生活的。我们看看他这个让人忍俊不禁的段子：

我们单位的小崔平时总喜欢沾点艺术气息。还经常去去画廊什么的，光看不买。她说她对艺术的美仅限于欣赏。那天她在画廊一边欣赏一幅油画，一边坐下来夸赞道："多么漂亮的色彩啊！多么不凡的天才之作！"

她悄声地对站在旁边的画家说："我真希望能够把这些奇异的色彩带回家。""你会如愿的，因为你正坐在我的调色板上。"画家说。

高博将生活中的真实事件娓娓道来，观众听了不仅不会生厌，而且兴趣会更浓。

幽默在于调侃

当今以调侃为代表的幽默大师莫过于郭德纲了。他的幽默风格更有一种让人放声大笑的本事，而且他在自嘲和讽刺功力上更有一种独特风格。

大家都听过他的开场吧："床前明月光，疑是地上霜，举头望明月，我叫郭德纲。人来的不少啊，我很欣慰，感谢各位的光临。待会儿散场都别走，吃饭去。谁去谁掏钱。听相声二十，起哄一万六。再笑加钱。"

有人说，语言的最高境界是幽默。真是一点也不假啊！不管怎么说，在短短的问答中能否运用幽默、运用多少幽默，则是衡量语言高下的重要标准。拥有幽默口才会让人感觉你很风趣，有很高的文化素养和丰富的文化内涵，折射出一个人的美好心灵，具有这样魅力的人谁不喜欢呢？

幽默要让人乐开花

何炅是著名主持人、影视演员和流行乐歌手，他作为《快乐大本营》的当家主持人，带给大家快乐才符合节目的宗旨。《快乐大本营》开播多少年后，依然是一线娱乐节目，可见观众对这个节目还是高度认可的。

何炅的幽默并不一定能够击中所有人的笑点，很多时候，他自己会在台上笑得失控，一些年长的或者不了解他的人，可能还不知道他在笑什么，但是对于年轻观众以及爱追星的女性同胞来说，何炅的幽默总是会让人乐开花，他的幽默经常是一下就会击中笑点。

何炅近年来新作不断，在各个方向都有多重突破，节目遍地开花，但是细看下来每个都是精挑细选，都能让大家充满欢声笑语，用一种特别的幽默风趣感染着大家。

抵制诱惑，健康成长

壁立千仞，无欲则刚。一个人若能去除私欲，就能无所畏惧；无所畏惧，就能一身正气，刚直不阿，办事公道，成就事业。

"无欲则刚"的"欲"，乃"欲望"之欲。欲望的意思是"想得到某种东西或想达到某种目的的要求"。

欲是人的一种生理本能。人要生活下去，就会有各种各样的"欲"：饿了有食欲，渴了有饮欲，困了有睡欲，冷了有暖欲，缺东西用时有物欲，情窦初开时有情欲。但是，凡事总要有个尺度。欲望多了、大了，就要生贪心；欲望过多过大，必然欲壑难填。

贪求私欲者往往会被财欲、物欲、色欲、权欲等迷住心窍，攫求不已，终至纵欲成灾。贪求私欲的危害实在太大了。由于贪欲，不知吞食了多少无辜良善，又不知使多少人作茧自缚，甚至名败身亡。贪欲还能祸国乱天下。总之，贪欲祸患无穷。

中国传统文化强调"义以为上""见义勇为""杀身成仁"，即要有为了坚持正义敢于牺牲个人一切的精神。而刚直不阿的品德，则是这种精神的体现，也是古今贤人在道德修养方面所追求的目标。

面对错综复杂的大千世界，面对来自各方的种种诱惑，我们将何以处之？"无欲则刚"这一警语可作为立身行事的指南。"人若无欲品自高。"就是说，人若没有私欲，品格自然高峻洁清，不染尘泥。社会上还存在着假、恶、丑现象，纯洁社会、净化风气则是我们要担负起来的一项长期的重要任务。

对此，我们青少年责无旁贷，当仁不让。

此外，在生活中，我们还要做到以下几点。

首先，丰富自己的业余生活，培养广泛的兴趣，多参加社会实践，用其他爱好和休闲娱乐方式转移注意力，冲淡身边的诱惑。

其次，我们要特别注意体育锻炼，这不仅有利于身体健康，也有益于心理健康及预防被欲望冲昏头脑。

再次，与亲友、老师、同学建立良好的人际关系。在现实生活中获得大家的理解与支持，和他人相处，要克服凡事追求完美的个性。给自己和他人留些空间，要多用欣赏的眼光看待世界，学会去爱，从而促使自己拥有博大的胸怀，获得别人的尊重与信任。

另外，我们还要培养自己的意志、品质，增强自我约束能力，要加强对不良情绪的调节，保持健康的情绪。克制诱惑是一个艰苦的过程，没有良好的意志、品质，是很难做到的。

"无欲则刚"的操守，将使我们青少年能在障眼的迷雾中辨明方向，勇往直前；将使我们在与邪恶的斗争中伸张正义，克敌制胜。"无欲则刚"，使人如同苍松翠柏，不怕乌云翻卷，不怕雨暴风狂，挺立世间，永不摧折。

第四章　在风雨中成长

人的一生不可能总是那样一帆风顺，在成长的道路上总会有许多困难时时缠绕着我们，让我们痛苦不已。这时，我们无论如何也不能认输，不能向命运低头，不能放弃自己的学业和梦想，而要选择勇敢地去面对一切。

阳光总在风雨后

有一首歌，相信大家都听过，就是《阳光总在风雨后》。这里面的歌词很让人有所感悟，"阳光总在风雨后，乌云上有晴空。阳光总在风雨后，请相信有彩虹。"

确实是这样的，我们青少年要在成长的过程中经历很多挫折很多风雨，如果没有办法积极面对，那么我们怎么能茁壮地长成栋梁之材呢？

在人的一生中，成功之路并不是畅通无阻的，难免会遇到一些挫折，面对挫折和困难，心态积极、乐观向上的人会接受挑战、应对挫折，无论做什么事都会以愉悦的心情对待，自然就有成功的机会，也可以说已经成功了一半；而消极悲观的人，总是怨天尤人、夸大困难，结果只能是碌碌无为，从而使自己的人生路走向下坡，掉进失败的深渊。

刘小平是独生子，聪明活泼，讨人喜欢，上初中时他的成绩非常好。父母对他要求严格，同时也非常爱他。

然而，天有不测风云，在他中考前，父亲被诊断出了癌症，不久就去世了，母亲也因悲伤过度，卧床不起。一个原本幸福的家庭顷刻间土崩瓦解。刘小平无忧无虑的生活一下子变了颜色。他忍着巨大的痛苦参加完中考，结果可想而知。看到要好的几个同学都进了重点中学，他灰心失望，伤心不已。

随后，在亲戚的资助下，刘小平进入当地一家职业中学成了一名职高生。在新学校里，刘小平虽然也认真学习，但他像变了一个人似的，常常独来独往，并不愿意与任何人交流。

他的这种反常态度很快被新班主任发现。新班主任李老师了解到小平的家庭情况，便经常找他谈话。李老师对小平说："我们每个人成长的路上都会遇到很多很多的挫折和困难，但是，我们要相信，阳光总在风雨后，敢于面对困难和挫折，我们未来的生活才会充满阳光。而且，我相信，你的父母也希望你能够快乐地活下去，而不是永远闷闷不乐！"

在老师的帮助下，刘小平终于重新恢复了从前的快乐，他不仅很快学会了专业知识，而且还经常帮助别的同学。一学期下来，刘小平被光荣地评上了"三好学员"。

在领奖台上，他告诉其他同学说："同学们，请相信，阳光总在风雨后……"

　　人有旦夕祸福，月有阴晴圆缺，人生不如意之事十有八九。在现实生活中，每一个青少年都随时面临着困难、风险、挫折与失败，勇敢的人感恩挫折，失败的人抱怨命运多舛。美国小说家海明威说过："人可以被毁灭，但绝不能被打倒。"在生活中，只要能够勇敢地去做，不管成功与否，总会有一些收获的，最重要的是拼搏奋斗的过程。

　　对于新一代的青少年来讲，勇于挑战困难的精神本身就是一种人格魅力，更何况是在逆境中挑战困难与挫折。要相信"宝剑锋从磨砺出，梅花香自苦寒来"，没有河床的冲击，便没有钻石的璀璨；没有地壳的底蕴，便没有金子的辉煌；没有挫折的考验，也便没有不屈的人格。

　　在人生的道路上，谁都免不了碰上这样或者那样的挫折和困难，关键是你要如何去对待它。法国著名小说家巴尔扎克说过："苦难，对于天才是一块垫脚石，对于能干的人是一笔财富，对于弱者是一个万丈深渊。"

　　因此，挫折和苦难是信念、意志和能力的试金石；信念坚定、勇于接受挑战的人，能够紧紧地扼住命运的喉咙，从挫折和困苦中汲取成长的智慧，把人生路上的绊脚石变成垫脚石；意志不坚定或容易满足的人，可能会打拼一阵子，但往往半途而废，无奈地举起投降的白旗；胆怯、懦弱的人常常被挫折和困难吓倒，有的自暴自弃、随波逐流，有的望风而逃、一败涂地。然而，挫折和苦难并不是天然的财富和垫脚石，要从中得到财富和智慧，需要舍我其谁的责任感、坚如磐石的信念和经年累月的坚持。

困难面前更要乐观

当你看到只有半杯咖啡时，你会怎么想呢？你会说"我还有半杯咖啡"，还是会说"我只有半杯咖啡"？"还有""只有"仅一字之差，但表现出的却是完全不同的人生态度，一个是积极乐观，一个是消极悲观，而结果注定就是一个成功，一个失败。

在人的一生中，成功之路也不是畅通无阻的，乐观者因积极的心态，所以总是可以保持清醒的头脑，在危难中找到转机；悲观的人即使给了他机会，他的眼里也只看得到危难。

有一个美国女孩，在她小时候因一次意外，眼睛受了重伤，最终导致双目失明，但庆幸的是通过手术，她还能通过左眼角的小缝隙来看这个世界。

面对生活给予的"礼物"，上帝赋予自己残缺的身体，她没有因此而悲观，不仅接受了现在的自己，而且更加坚定了要活下去、要活得更好的信念。

她很喜欢和小朋友们一起玩跳房子的游戏，为解决眼睛看不到记号的问题，只有努力把每个角落都记在脑子里，然后快乐得像个正常人一样。凭借着一股子韧劲，后来她去一个乡村里教书，在教书之余，她还在妇女俱乐部做演讲，到电视台里做谈话节目。

双目的缺陷并没有影响她的人生，相反，她以积极乐观的态度、努力奋斗的毅力获得了明尼苏达大学的文学学士及哥伦比亚大学的文学硕士学位。

她所著的自传体小说《我想看》在美国轰动一时，成为畅销名著，激励了无数人的斗志，她就是波基尔多·连尔。她曾这样说："其实在内心深处，我对变成全盲始终有着一种不能言语的恐惧感，但我也深知，这种恐惧不会给我带来一点益处，我只有以一种乐观的心态去面对这一切，激励自己，才能最大限度地改变现状。"

也正是她这种乐观的心态，不仅成就了她辉煌的人生，也使她在52岁时，经过两次手术，获得了高于以前40倍的视力，又一次看到了美丽绚烂的世界。

人们总是认为，一个人的成功依赖于某种天分或某种优越的物质条件，但青少年却从波基尔多·连尔的身上看到积极乐观心态所带来的力量。

试想，如果她在失明后自暴自弃，终日活在对老天不公平的抱怨中，还怎么去支配和控制自己的人生，又怎么能拿出勇气去克服困难，面对更残酷的命运？

随着信息时代的来临，社会的竞争也越来越激烈，对于肩负使命的青少年来说，也将要面对更多的压力与挫折，用怎样的态度去对待生活也决定了日后会有怎样的未来。

生活中很多失败，并不是因为我们能力不行，而是由于自己的悲观。所以说困难并不可怕，只要你能乐观地看待所面临的一切，你就能站在巨人的肩膀上，获得比顺境更为强大的力量，看得更高走得更远。

渴望人生的愉悦，追求人生的快乐，是人的天性，每个人都希望自己的人生是快乐、充满欢声笑语的。快乐是一种积极的处世态度，是以宽容、接纳、愉悦的心态去看待周边世界的。

生活也是由哭与笑、风雨与彩虹、成功与失败组成的。而乐观与悲观，就像是阳光与阴影一样存在于我们的生活中。如何拥有乐观的心态，每天微笑着迎接风雨和彩虹，面对现实，面对困难和挫折，是我们青少年掌握人生命运所必须思考的问题之一。

面对现实，以及面临生存的挑战，怎样才能使自己的心理保持乐观的心态，使乐观成为不可或缺的维生素，来滋养自己的生命呢？

对于我们每一个青少年朋友来说，乐观两个字都是说起来容易做起来难。英国思想家伯特兰·罗素曾说过："人类各种各样的不快乐，一部分是根源于外在社会环境，一部分根源于内在的个人心理。"也就是说悲观随处可以找到，但要做到乐观就需要智慧，必须付出努力、敢于面对现实，才能使自己保持一种人生处处充满生机的心境。

人们可以通过自身的努力去改变自己的生存状态，也可以通过自己的精神力量去调节自己的心理感受，让自己达到最好的状态。要拥有乐观的心态，必须让自己的眼光停留在积极的

一面。就如太阳落山后，伴随着黑夜的来临，也还可以看到满天闪亮美丽的星星一样。

世界是向微笑的人敞开的。乐观是人快乐的根本，是困难中的光明，是逆境中的出路。

乐观能让你收获果实，收获成功，改变现状。

以不同的心态去看待身边的事物，就会收到不同的效果。乐观的人总是能从平凡的事物中发现美。其实，生活中从来都不缺乏欢乐，只要你用心体会。

正如一位智者所说的那样："一个人感兴趣的事情越多，快乐的机会也越多，而受命运摆布的可能性便越少。"

我们青少年也应拿出面对生活的勇气，不要总是抱怨逆境，也不要把自处逆境当作是一种不幸，而是用积极乐观的人生态度，即使透过脏兮兮的窗户玻璃，也能看到窗外美丽的景色。

对于青少年来说，不论何时何地，不论做什么事，都要端正自己对生活、工作及学习的态度。

要学会用积极的心态去发现生活中人或事的美好的一面，热情地生活，愉快地工作，轻松地学习，以乐观旷达的胸怀面对每一天。

不要再抱怨命运的不公，也不要再抱怨上天给予你太多的磨难，无论在多么困难恶劣的环境里，换一种观点、换一种眼光、换一种心态看待所遇到的每一件事。

青少年朋友应该努力让自己拥有积极进取的阳光心态，乐观地对待生命中的风雨，发挥自己的优长，激励自己的热情，挖掘自己的潜能，昂首挺胸地走在光明大道上，接受生命的洗礼。

狂风暴雨之后的彩虹才会更美丽，只有经历破茧的痛苦，身体才能发生蜕变，所以请乐观地面对吧，明天会更美好，成功就在不远处。

困境中也有希望

或许你看到这个标题会觉得困惑，困境有什么值得说的呢？让困境离得远远的不是更好吗？

有一个从困境中成长起来的企业家说过这样一段话："那段困厄的日子使我发现，任何事物都是可以善加利用的，而人生中所遇到的危机，其实都是一个转变自己的绝佳机会。

也就是说，人在困厄时，想法就会改变，而当一个新的转机出现时，他就会有无比的勇气，也会更加懂得思考，更能勇往直前。因此我们对人生的困厄不必恐惧，反而应当好好感谢才对。"

曾经有一个年轻人在报上看到招聘启事，正好有一份是适合他的工作，于是他前去应聘。当他准时前往应征地点时，发现已经有几十个人在排队应聘了。并且在他看来，那些人都是高学历的知识青年。但是他并没有就此灰心。

　　如果是一个对事持消极态度、意志薄弱、不太聪明的青年，可能会因为这些而打退堂鼓。但是这位青年人却与之相反。他是非常积极、非常主动的人，认为自己应该动脑筋，运用上帝赋予的智慧想办法解决困难。他的思维空间并不是那样狭小，而是认真用脑子去想，想办法解决。于是，这位年轻人想出了一个很好的办法。

　　他在一张纸上写了几个字。然后走出行列，让他后面的男孩为他保留位子。他走到前台女秘书面前，很有礼貌地说："小姐，请你把这张便条交给老板，这件事很重要。谢谢你！"

　　女秘书对年轻人的印象很深刻。因为他看起来神情愉悦，文质彬彬。如果是其他的应聘人员，她可能不会注意，正是因为在这个年轻人身上流露出一股强有力的吸引力，非同寻常，因此令人难以忘记。所以，她将这张纸条收下并把纸交给了老板。

　　老板把纸条打开一看，看后把纸又给了秘书，女秘书也看了一下纸条，笑了起来，上面是这样写的：

　　"先生，我是排在第21号的男孩。请不要在见到我之前做出任何决定。"

　　我们试想，那位年轻人最后找到工作了吗？像他那样的，对任何事情都用一种积极的态度去面对，做事非常主动的年轻人无论到什么地方都会有所作为的。

　　虽然他年纪很小，但是他知道去主动给自己争取机会，抓住问题的关键，然后从各方面解决问题，并尽他的全力做好。所以我们用积极的心态来面对困难，只有把困难当作是一种希望，并善于运用自己的智慧，这样才可能把事情做好，成为一个真正的成功者。

要想成功，就要把困难看作是希望，告诉自己困难是对自己的挑战，困难是对自己能力的超越。只有拥有了这样积极的心态来面对困难险境，才会发现一片广阔的新天地，这就是困难带给自己的新境界、新领域。

古往今来所有的成功人士，都是从困难中走过来的，困难的存在是永恒的，逃避困难，就等于拒绝接受成功。困难锻炼人，困难考验人，困难造就强人，解决困难，能锻炼我们的能力。

我们应该感谢困难，越是困难的事情，竞争者越少，机会和效益也越大。越是困难的事情，我们就要更加努力去做好，一个人如果能把有难度的事情做成功，那才能得到更多人的欣赏、承认和尊重。每部名人传记，都是面对困难并战胜困难的人生经历。那些名人无不在说明困难就是努力奋斗的动力，从而得到更好的希望。

看看这几个大学生的故事，或许你们会发现，她们的成功，就是在克服一个又一个困难之后取得的。

袁兰，21岁，四川师范大学公共事业管理专业大二学生，正与同乡、同班、同寝室好友王菊园经营着一家网店卖零食。两人的创业故事从大一就开始了。

当时的她们没有资金来源，于是把目光投向自己的父母。袁兰的家在大巴山，父母都是农民，并没有太多的钱给她们，她们只从家里凑了1万元钱。

　　有了钱，她们先注册了一个网址。万事俱备时，两人开始为网店定位，她们的目标客户就是成都的办公室白领，因为他们有钱有时间吃零食，却又怕刮风下雨晒太阳，懒得去买。袁兰和王菊园想到赚辛苦钱，"农村出来的，不怕苦。"袁兰对此说道。

　　由于一些网店在退货时会提出顾客自付邮费的要求，两人便给自己定下了规则：凡是在她们网店买的东西，只要发现有问题，哪怕吃得只剩最后一点，都可无条件退货！如此大胆的想法，让人不得不对她们刮目相看。

　　网店开好了，两人拿着剩下的钱到当地的食品批发城，批发了几千元的食品样品回来，"每样一两包，拿回来拍照片挂在网上。"

　　最初，她们特别担心没人光顾，常安慰自己说"卖不出去，大不了就自己吃"。事实确实如此。

　　两人的第一次推销是在宿舍楼，她们挨个寝室去宣传网站，她们的好朋友买了一包泡椒凤爪。

　　她们的第一单生意卖了3元钱，当时她们没好意思赚好朋友的钱。之后，两人分工，一个人在网上做推广，另一个人印发传单。

　　两个人将宣传广告印成传单，原本想进办公楼内发放，但保安委婉地请她们不要破坏环境。没办法，只有厚着脸皮，每天早上8时就守候在办公楼门口，带着微笑将传单发给进楼的白领们。那些被人转身就扔在了地上的传单，她们捡起来继续发。

半个月后，生意终于有了起色，一单、两单地出现，让两小姑娘看到了希望。

有了生意，物流却成了一个问题，物流公司嫌单子少都不愿意去取货，最后她们亲自把货送到公司。连物流都给脸色看，这生意做得真是憋屈。

有时候，事情的发展是出人意料的，借着春节的东风，网店生意突然好起来了。进来的货，已经明显不够卖，但再进货又没有足够的资金，就算进了货也没仓库存货。于是，她们把仓库定为当地最大的食品批发城，有单子时就到市场现拿货再发，还保证了货品供应的新鲜。

两个女生完全忙不过来，袁兰发动了同班同学前来帮忙。每天10多个同学来帮忙，如何分配这些劳动力呢？

这个问题，对于学管理的同学还真不是问题，她们两个创始人一个负责在网上看店，一个负责调配人员，袁兰的同学，大多在家"做苦力"，满市场去配货。还好，物流公司给力了，派了专人到市场接单。

后来，她们实在忙不过来，袁兰就把在老家的父母请过来帮忙。

一个春节期间，她们两个人网店的进账高达75万元，后来有投资人看中了她们小店的发展空间，主动给她们提供资金500万元。

从这个故事中，我们可以看到，这两个大学生是怎么样一步步地克服困难，最后取得成功的。

我想说的是，我们青少年在困境面前要学会摆正自己的心态，化困难为力量，让强大的力量去带动自己寻找希望，那样，自己的生活就会因此而绚丽多彩了。

放飞你的梦想，迎着困境知难而上，把困境当作人生路上的一朵花，遇到了花，就要学会用积极的心态去呵护，那么小花有可能就变成了希望。抓住希望，就抓住了人生重要的转折点。

俗话说："自古英雄才多磨难。"面对困境，正确的决定将会使我们未来的生活更加美好。

为此，我们青少年应当拿出勇气和耐心，并对自己说："这点痛算什么。"然后主动出击，迎接挑战，把困境当作前进中的垫脚石，最后才能换来胜利的希望。

要相信，困境和挫折是福，注定在我们的岁月中搏击风浪、经历考验，奠定更加坚固的基础，谱写出美好的人生之歌。

收获遗失的美好

对于成长之路，人们有很多形象的比喻。有人说成长的过程就像剥洋葱，一层层地剥开，终有一片会让你落泪。也有人说，成长是由无数烦恼组成的念珠，但需要我们微笑着把它数完。

更有人说成长的旅途必然淌满泪水，而爽朗乐观地成长，成长的旅程必将笑容满面。成长，就是从泪水中学会微笑的过程！

每个人的成长过程，都在高潮与低潮的轮回中沉浮，在四季循环往复之中，成长包含着酸甜苦辣，在成长的路上也许我们曾经泪流满面，也曾经笑若桃花。

既然艰辛与挫折无法逃避，困难与挑战无可避免，何不笑对成长之种种呢？殊不知，消极的流泪代表懦弱，积极的微笑才意味坚强！

一位哲人在面对秋天瑟瑟飘零的落叶时大笑道："它不是凋零，不是陨落，它是胜利者的凯旋。"哲人不仅有笑对落叶的明朗心境，还有更换心态看待事物的勇气。

花中有刺与刺中有花不仅顺序有异，也有积极与消极之分，前者是泪洒消极，后者则是积极笑对。

泪水是阴霾，压抑沉闷；而微笑是阳光，温暖明媚；泪水是乌云，厚重阴沉；微笑是清风，凉爽怡人；泪水是洪水，泛滥成灾；微笑是甘露，滋润心灵；泪水是雷雨，让人沉湎于惊恐和畏惧之中，久久无法自拔以至于懦弱到不堪一击；而微笑是溪流，让人在激越和跌宕之后，越发坚强，最后得以感受汇入大海时的波澜壮阔。

成长教会你在泪水中学会微笑，于懦弱中体味坚强。微笑存在于一种经历风雨才见彩虹的信仰中，存在于一种海纳百川、有容乃大的宽容中，存在于一蓑风雨任平生的坦然中。泪水中依然美丽的微笑充盈着满足，挥洒着温馨，困境里爽朗的笑容是经历漫长的黑夜，朝霞托出的黎明；懦弱里坚强的面容是万物复苏、生机勃勃之时，冰雪的悄然解冻。

在泪水中学会微笑，可以让你从容面对成长的坎坷，可以驱散少年的阴霾，化干戈为玉帛。可以增强信心，激发斗志，端正思想，润清灵魂。

古今中外，微笑诠释着一切美好、蒙娜丽莎的微笑散发着魅力，梵·高的微笑交织着执着，莎士比亚的微笑充盈着博大深邃，狄更斯的微笑深含着内蕴和高远。

他们也曾遭遇过成长的痛苦和折磨，既有生活的困窘、创作的彷徨，也有思想和作品不被人接受的无奈。然而，他们最终在泪水中，不仅学会了隐忍地微笑，也学会了坚强与勇敢。

成长是一条艰辛的路，是一段艰难的旅程，泪中带笑需要一颗坚强的心。早晨的微笑预示着有美好一天的开始，你的激情会因此而涌起，热情地投入到今天的奋斗之中；中午的微笑是对继续前进的加油蓄注，奋斗在海面上的悠悠远航再接再厉；晚上的微笑是收获了一天的满足，是对自己的肯定，为踏上新的征程积蓄力量。

青少年朋友，年少的你有泪不轻弹，不必抱怨学习中太多的压力，微笑会将所有的压力化为通往成功的铺路石，也不必担心前进道路上有太多的困难，微笑会让你看清一切荆棘只不过是披着狼皮的羊，更不必责备上天的不测风云与旦夕祸福，微笑看待这天将降大任于斯人的准备。

流泪是懦弱的表现，微笑是坚强的象征。成长之路上，遇到再大的困难也要擦干泪水昂首阔步，经受再多的挫折也要用微笑串起一道道美丽的音符！

微笑是世界上永不凋零的一种花朵，不分四季，不分南北，它会在困境之中顽强地绽放。用微笑把成长中的泪水埋葬，即使饥寒交迫，你也能感到人间的温暖；即使走入绝境，你也会重新看到生活的希望；即使孤苦无依，你也能获得心灵的慰藉。

笑一笑，十年少。微笑可以化解苦难，给你成长的勇气，永远微笑的人是快乐的，永远微笑的面孔是年轻的。用微笑埋葬泪水，犹如挥洒阳光清洗泥泞，普照大地，给万物增辉。有一个寓意深刻的故事：

有一年冬天，父亲到院子找柴火，发现自家培育多年的准备建房用的大树竟然毫无生气，叶子也掉光了。他以为自己多年的心血全没了，便失声痛哭并砍断了枝丫。儿子却笑着说，明年春天，它肯定能再长起来的。说完，便辛勤地护理起残存的树桩来。第二年春天，枯树上真的意外地萌发一圈嫩芽，它居然活了下来！

成长的路上，我们也会面临失望以及遗憾，或曾流泪沮丧，又或笑融冰雪。但要始终铭记，用微笑便能埋葬泪水，收获新的希望。对一切事物都要在笑容里充满信心。

　　不要闷闷不乐时就放声痛哭，也不要在情绪低谷里掩面而泣，坚强的微笑后面总是晴天。毕竟，冬天到了，春天还会远吗？笑对成长的苦与忧，相信生命的枝头不久会萌发新芽！

　　有人曾这样说过："人，不能陷在痛苦的泥潭里不能自拔。遇到可能改变的现实，我们要向最好处努力；遇到不可能改变的现实，不管让人多么痛苦不堪，我们都要勇敢面对，用微笑把痛苦埋葬。有时候，生比死需要更大的勇气与魄力。"

　　用微笑埋葬泪水，便能在成长的旅途中感受到清风抚摸树林的温暖，夕阳燃烧天空的炽热，浪花冲刷礁石的激情……泪光闪闪之中若含盈盈笑容，便是快乐的诠释，幸福的真谛，温暖的意义，更是坚强的象征。

　　在成长中，要学会拥抱阳光雨露、鸟语花香，成长是化茧成蝶、破蛹而出的过程，虽有煎熬和难耐的疼痛，但终归是美丽动人的。不是成长旅途困境重重，不是前进路上荆棘密布，只是很多人知道眼泪中也可以含有微笑。

　　因此，我们青少年在成长过程中，无论是失意沉沦还是挫折苦痛，不论是阴云密布还是雷电交加，都要擦干泪水，换上笑容。这样，你就会多一份自信，少一份失望，并可赞之为乐观；多一份勇气，少一份怯懦，也能称之为坚强。

　　当眼中有泪的时候，记得敞开你的胸怀，打开你的心灵，看看这个纷繁多姿的世界。扬起你的嘴角，便能把泪水随痛苦一起埋葬，放飞你的希望，便能收获遗失的美好！

第五章　因成长而快乐

　　我们在成长之路上会有许多的快乐，它是我们的生命在不断完善时的一种欣喜，更是发自内心的情感流露。进入青春期后，许多烦恼又会接踵而至，使我们难以在短时间内适应。这时，我们应以积极乐观的心态，把青春的烦恼作为一种快乐的体验，让自己快速成长起来。

哥们儿义气要不得

我国向来都把"义"看得很重。儒家尊崇的"仁、义、礼、智、信"中的"义"就排在第二位。人们对重情义的三国时期的大将关羽，奉若神明、顶礼膜拜。这些都充分说明了，我们大家对"义"的重视。

学生之间要不要讲点"义气"呢？要！但不能讲"哥们儿义气"。因为，哥们儿义气是一种基于无知和盲从，无情感基础的冲动，是一种非理智的行为，是与现代文明社会极不相容的行为。

"江湖义气"或"哥们儿义气"只讲"友情"不讲是非，与友谊有本质的区别，很多青少年就是因为分不清真正的友谊与"江湖义气"或"哥们儿义气"的区别而走上违法犯罪的道路。

真正的友谊不是在口头上的，要在行动上互相帮助。当遇到困难和危险时，朋友会无私地帮助你；如果有了烦恼和苦闷时，朋友会耐心地倾听，并且为你寻找一种合适的方法摆脱它；当你犯错误时，朋友会义无反顾地指出来，帮助你走出迷途。这才是真正的友谊。

没有朋友的人通常会感到孤立无援。朋友是成功的催化剂，是心灵的镇静剂，是快乐的源泉之一。

当然，友谊也需要讲义气，但是这种义气并非"哥们儿义气"。"哥们儿义气"不是真正的义气。义气者，刚正之气、正义之气也，它是人与人之间的道德关系。如果不辨是非地"为朋友两肋插刀"，甚至不顾后果，这不是真正的友谊，也够不上真正的义气。

　　汶川大地震中，年仅十几岁的马建硬是凭借着自己的一双手，挖了4个多小时，将同班同学从废墟中救出来。当他背着同学刚刚踏出校门的刹那，那处围墙轰然倒塌。如果再晚个几分钟，也许马建和同学都会被掩埋其中。

　　看，这才是真正的义气啊！如果哥们儿之间只是一味地盲从，没有原则、不守法度、是非不分、相护包庇，为了所谓的"朋友"，甘愿去杀人放火，被绳之以法时还叫嚷着"20年后又是一条好汉"，这难道算"义"吗？

　　哥们义气往往以维护小团体利益为出发点，为了报恩或复仇，不惜牺牲和损害社会或他人的利益，对不是自己的"哥们"则不讲感情，不讲友谊，最终结果必然导致害人、害己、害社会。

　　可见，哥们义气并不义气，而是流氓气、无赖气、地痞气和混世魔王气，没有一点点正义之气！"哥们义气"与友谊是不同的，每个人都渴望友谊，需要友谊，但是千万不可误把"哥们义气"当作友谊。二者是有本质区别的。

网瘾可能会害了你

21世纪是信息爆炸的时代，互联网的高速发展功不可没。但我们很多老师和家长视网络世界为"洪水猛兽"，我们青少年中有很多人也确实深陷网络的泥潭无法自拔。那么我们该怎样看待互联网呢？

"谈网色变"是不符合时代的发展的。面对网络最重要的是解决问题而不是回避问题。

我们青少年对自己的社会环境常常很敏感，崇尚时髦，追随社会上流行的风气，最易被感染或鼓动。网络是一把"双刃剑"，它在给我们青少年带来丰富知识、信息的同时，各种消极因素以及青少年对待上网的不正确态度等，也导致了青少年出现了诸多的心理问题。

沉迷网吧的危害

如今，电子游戏室已从青少年朋友的生活中退出并销声匿迹，但作为电子游戏机后继者的网吧，则以另一种形式悄然占领了这块领地。网吧作为新时代的产物，令人着迷，对青少年的影响则更为严重。网吧的适应面较为广泛，男女老少皆宜，而其内容较于电子游戏室也是更加丰富多彩的。

但它对人们的危害性丝毫不亚于电子游戏室，甚至有过之而无不及；而它对于青少年的危害则更为突出，因为泡网吧者多为青少年。

沉迷网吧有如下危害。

第一，网吧环境复杂。青少年行为易受不良影响。在这个复杂的地方，有着形形色色的人出入，青少年单纯的心灵在这里很容易会误入歧途。青少年由于自控能力薄弱等自身原因，加上网吧的混乱管理等诸多客观因素，让网吧的世界很精彩，也很无奈。

第二，网络设置不严。部分网吧中未设置不良信息过滤器，所以会有各种不健康的信息自动或在青少年不经意的鼠标点击下跳出，如果青少年不能有效地辨别其健康与否，那么这种不健康的信息就会毒害青少年的思想，影响心理健康。

第三，电脑辐射大。在网吧中至少会有五六十台电脑设置，主机箱与显示器离得也较近，这样就会产生大量的强辐射，会给青少年的健康造成巨大的伤害。

显示器的辐射容易导致近视，也很容易使皮肤干燥缺少水分，引起斑点；电脑主机箱的辐射会让人体的内脏受到严重损伤。再加上长期上网保持一个姿势，会造成身体血液循环不畅，细胞长时间无法进行有氧呼吸，更严重的会患上颈椎病、腰椎病等，这对我们青少年的身体所造成的健康损伤实在是太大了！

第四，摧残身体。青少年由于长期泡吧导致过度疲劳，再加上网吧空气不流通，人口密度大，烟味、汗臭味、食品味等，可谓是味味俱全；打闹声、机器声、脏话声等，经常是不绝于耳。这些飞舞着无数细菌和脏话的环境，严重影响着青少年的身心健康。

由于在网吧里，社会各个阶层的人都有，所以难免会有抽烟者，青少年长期处于这种环境中，成为被动抽烟者，必然会对其身体带来伤害。一般情况下，玩通宵的网迷从网吧走出来时，都是眼睛红肿、两腿无力、蓬头垢面。青少年正处于生长发育的重要阶段，如果不分昼夜、不知饥渴地长时间泡网吧，对其身体的摧残程度不亚于毒品的危害。

血的教训

我们看下面这个故事，也会发现，故事中的主人公就是因为对网络欲罢不能而毁掉前途。故事讲的是：

有一位英俊帅气的小伙子叫作刘浩。他的父母都是教师，刘浩在初中升高中时以全校第一名的优异成绩进入了一个颇有名气的"优等班"。刘浩的成绩一直在班上是数一数二的。

但突然在一段时间以来，他的成绩却急剧下滑，据老师反映，刘浩逃课已成了家常便饭。原来刘浩上高二后就迷恋上了网，在高考前一天的晚上，刘浩出现了精神分裂被送往医院治疗，这本来可以前程似锦的小伙子就这样被毁掉了……

　　和刘浩类似的故事还有很多，其中一个最令人心痛的就是沉迷于网络游戏，竟喝农药自杀以求解脱的徐攀。那么，是什么原因让徐攀在16岁这个花一样美好的季节里，选择这么极端的方式来结束自己的生命呢？难道是学习压力过大，或是缺少家庭关爱？

　　其实，在老师、同学、邻居们的眼里，徐攀都是一个幸福的人，他不但生活在一个幸福的家庭之中，经济状况较好，拥有父母的关爱，而且还没有升学的压力。

　　由此可见，徐攀不可能是因为学习和家庭的原因而走上了绝路。在徐攀服农药被发现的抢救过程中，他向父母讲述了自己自杀的原因，还有离家11天的出走经历。

　　　为了好好打网络游戏而不被父母找到，徐攀并没有像往常一样前往县城里的网吧，而是去了一个乡镇里的网吧。

　　　开始他一天吃一袋方便面，后来，三天才吃一袋方便面，晚上，三个椅子拼起来往上一躺就睡了。

　　　在这期间，没有任何人关心或者询问过这个少年的冷暖饥饱。

　　　对于徐攀喝农药的原因，他向自己的父亲解释说："我喝毒药就是想让你们救不活我。因为我已经玩够了。"

　　　徐攀对自己的母亲说："妈，对不起，我管不住自己，我就是想玩，我管不住自己的手，我也不想惹妈妈生气，不想对不起妈妈，可我就是控制不住自己，就是想要玩。我不管白天还是夜晚，脑子里总想着游戏，夜里想着游戏总是睡不着，就是想玩。"

一直到徐攀死前，说的最后几句话是："有妖怪过来了。杀光！"在病床上，徐攀的手还在动，似乎还在打着游戏。

网络游戏好玩在哪儿？若仔细观察就会发现，网络之所以能吸引青少年，事实上正是那种长期反复进行重复操作的过程，青少年体验着这样的古怪模式：一方面聊天、玩游戏吸引着自己投入其中，另一方面又不惜为此花费大量的时间、精力和金钱。

当然，最终意义还在于自己有目的地操控时间，为了游戏积分能升级，不厌其烦地一直不停地玩，只有这样，他才会感觉到时间是属于自己的，而自己也是有所为的，让人有一定的成就感和充实感。

而这样的充实过后呢？又开始感觉精神空虚，生活和学习为什么会空虚，这完全在于时间无从打发。于是，在漫无目的中，青少年就会沉迷于网络世界虚拟的精彩里。

从网络回归现实

染上"网瘾"真的很可怕，而且后果很严重。有网瘾的青少年朋友一定要与"网瘾"作斗争，努力从网络中回归现实。

第一，营造健康的环境。在一个民主、和睦、丰富多彩的家庭生活的青少年，通常是不会沉迷于网络当中的。因为，和谐的生活环境给了我们足够的自由、平等和快乐。因此，青少年要学会与父母谈心，同时对待父母也要像朋友般的理解和宽容。

青少年如果发现自己有上网成瘾的倾向，可以让父母或同学对自己进行督促，并且要积极地配合他们的监督工作，以便自己早日摆脱网络的困扰。要让自己生活在一个良好的空间当中，要加强自己对外沟通和交流能力。将自己的想法，说给父母或同学、老师听，听听他们的想法，让他们为自己提供宝贵的意见，不要一味地逃避。

第二，学会自我调节。具有消极心理的青少年可以拿出两张白纸，一张写出自己能够成功的理由，另一张写出失败的教训，然后把两者做个对比，把失败的理由逐个予以否定，比如"粗心大意"，可以修正为"我上次考试成绩那么好，这说明只要我认真对待，今后还是可以取得好成绩的"。青少年要不断地去挖掘自己成功的理由，并加以肯定。这样在自我调节中就会慢慢地从消极心理中走出来，还会拥有更多的自信和勇气。

第三，适应上网。网络本身不是洪水猛兽，所以没有必要刻意去逃避它；更何况，在信息时代，网络无处不在，这是无法逃脱的。所以，青少年不要一味地回避上网，毕竟现在是一个网络的时代，你可以正确地、科学地上网，浏览一些对自己有益的网页，找一些相关的学习资料。

可以跟自己约法三章，允许自己上网，但必须遵守一些规定或者限制上网时间，久而久之，就会对网络形成一个正确的认识。

第四，转移注意力。一个人如果在遇到挫折感到苦闷、烦恼、情绪处于低潮时，就暂时抛开眼前的麻烦，把注意力转移到较感兴趣的活动和话题中去。试着用美好回忆来冲淡或忘却烦恼，从而把消极情绪转化为积极情绪。

当自己总是控制不了地想上网时，可

以有意识地转移注意焦点，想一些其他比较感兴趣的事，也可以跟同学或朋友出去逛街、看电影、聊天、看书等。亲爱的青少年朋友，不知道你是不是一个"网络瘾君子"，如果不是的话，那么恭喜你！如果你已经被网瘾折磨，那么你可以尝试上面所讲述的方法，让自己尽快从网络中回归到现实世界，相信你是可以做到的。

别让追星成了病

青少年朋友，你还记得笑星郭达和蔡明演过的一个小品叫《追星族》吗？你们当时看这个小品的时候，是否发现自己就是小品中疯狂追星的小女孩呢？你们是不是也有把身上"幸福的泥点子"保存起来的经历呢？

在这里，我要提醒你的是，疯狂追星不可取，但是我们的生活仍然需要榜样。

追星，在当今社会是一种很普遍的现象，"追星族"这个名词越来越普遍，尤其是青少年，似乎是"追星"的易感人群，对于自己所崇拜的偶像，看他主演的每一部影片，听他唱的每一首歌曲，对他的比赛更是一场不缺。谈到偶像的一切，都如数家珍。我们这种"追星"现象到底该如何看待呢？

有心理学者指出，青少年的追星行为有如"青春痘"，是青春期不可避免的现象。这与我们青少年所处的年龄阶段的心理特点有着直接的关系。偶像崇拜是青春期的心理特征之一，是青春期心理需求的反映。就人生发展阶段的规律来说，这种现象不值得大惊小怪。

我们的父辈们像我们这个年纪的时候也会追星，他们追随的明星和我们追随的明星是完全不同的。他们会崇拜带领中国人民站起来的毛主席，他们会崇拜天天做好事的雷锋，他们会崇拜为国家的石油事业奋斗的铁人王进喜，他们崇拜的是保护国家财产不被损失的草原英雄小姐妹……

可是我们崇拜的人呢？大多数都是唱歌的歌星或者演戏的电影、电视明星。有的追星族甚至作出令人瞠目结舌的追星举动，他们这样盲目地追星，最后会造成很多悲剧发生。

如何正确地追星、健康地追星？如何通过安全理性的方式来抒发自己对偶像的喜爱之情，并以其优点为榜样，在学习和生活中严格要求自己，培养自己积极奋进的精神？

对于追星族来说，摆正心态是最重要的。把明星当成自己的偶像，并不应该在于他的外表，而是他们艰苦奋斗成功的精神。也就是说，追星族所追求的应是明星成功前的奋斗精神和顽强毅力，对工作的认真态度，而不是他们无聊的八卦新闻，或者在舞台上有多么的光辉夺目。

就如郑智化，2岁时就患小儿麻痹症，直到7岁时通过手术才能靠双拐走路。可他身残志不残，通过自己自强不息的毅力打造了一片属于自己的天，唱红了大江南北，实现了自己的理想。

追星是为了帮助自己进步，而不是为了某一个明星而失去自己。如果我们能将他们身上一些值得学习的品质放在我们学习上，这样就不会有那么多为了明星自杀发昏的悲剧发生了。

虽然对我们青少年来说，追星是一种正常的心理需求和行为表现，但也要把握好分寸，要做个有品位的"追星族"。

第一，不盲目追星。你所崇拜的应该是真正值得你去崇拜的，是那些有着高尚人格与非凡气度的人，而不是虚有的外表；是那些不仅仅可以吸引你目光的光鲜，更应该是能震撼你的心灵的东西。

事实上，在我们的生活中，明星远不止影视歌星和体育明星，还有众多的科学之星、政治之星、思想之星、技术之星……他们给我们人类带来的是更大的幸福和财富，更值得去学习。

第二，不疯狂追星。不要把时间和金钱全部用在追星上。几乎所有的人，当他从青年走向中年时都会发现偶像毕竟是偶像，他们往往是昙花一现。当稚嫩的心逐渐成熟，明星的"星"光就会逐渐暗淡。追星也就没有什么可夸耀的，更不应该成为你生活的全部。所以，不要在追星中失去你自己，因为你最终只能成为你自己，不会有任何的改变。

第三，培养具体的兴趣爱好。追星不是生活的全部，你可以培养一两种具体的兴趣，如音乐、舞蹈、体育项目、航模、收藏、制作等，这样，既可以使你的追星兴趣得到适当的降温，也可以使你把精力和时间顺利地转移到健康有益的兴趣上来。

第四，善于吸取积极的人生经验。一个好的偶像能使人的生活变得充实、丰富，生活的目的更加明确！慎重地选择值得追的星，以他为榜样和偶像，在给你的生活增添色彩的同时，"超过他，也成为明星"的念头会激起你更多的潜能！

偶像崇拜是青少年对人生追求的体验，是人生的一个重要过程，每个时代的青少年都有自己人生的理想，心目中追求的人生目标和偶像，当前的追星也是这样。

但是，要知道凡事都有一个度，过度，就会走向反面。在追星而发烧时，应留给自己一点理智，多看一点现实，少回味一点梦幻，多一点创造，少一点模仿……

正确认识追星现象，正确引导追星情结，把学习放在首位，成为德智体全面发展的社会主义建设人才。

珍爱自己的宝贵生命

有一天，一个朋友在QQ签名上写下这样一句话："我们要好好活着，因为我们会死很久。"这句话看起来让人有些忍俊不禁，可是仔细一想这句话的深层次含义，就豁然开朗了。

或许我们经历过很多磨难，或许我们不止一次地想结束自己混乱的生活，或许我们因为压力过大而想选择离开人世。可是青少年朋友，你想过没有，我们的生命只有一次，如果浪费掉了岂不是很可惜。好好活着，无论你经历了什么样难以忍受的磨难，只要你还活着，人生就还有希望。

青少年自杀是一个社会问题，它的原因是多方面、多层次的，并不是如一般人们最后看到的某一事件所导致，每个个案都有各自不同的因素，根源在于长期的负性累积，最后因无法承受才采取自杀行为。自杀的原因归根结底表现在以下几个方面。

社会因素

当前社会是一个变革中的社会，人们的思想理念、利益分配、生活方式也发生了剧变，当代学生成为这些变化的直接承受者。这种变化主要体现在两个方面。

　　一方面是就业压力的增大。过去学生就业统一由国家包分配,"皇帝女儿不愁嫁"。现在就业市场竞争激烈,"双向选择"对人的综合素质要求提高了。学生一入学就考虑毕业找工作的事:社会会不会挑选我,我需要什么能力来让社会挑选我?

　　面对即将踏入激烈竞争的社会,不少学生都会有一定程度的心理恐慌。学生一旦大学毕业,发现十几年的辛勤苦读并不能从社会中获得做大事、当大官、挣大钱的机会。这种心理上的落差,使得很多学生产生了一种价值观上的失衡,进而产生了焦虑、抑郁等心理问题。

　　另一方面,现在是一个急剧变化的时代,有着太多不可知的因素,对社会的判断、评判都会产生相对性观念,而没有一个"终极"的概念。在这种极度不稳定的社会状态下,人生的事情变成每一天、每一件具体的事情。

　　在很多学生,包括成年人的眼里,找到恋人、找到一份好的工作,每一件眼前能把握的事情就成了生活的全部,一旦失恋、就业受

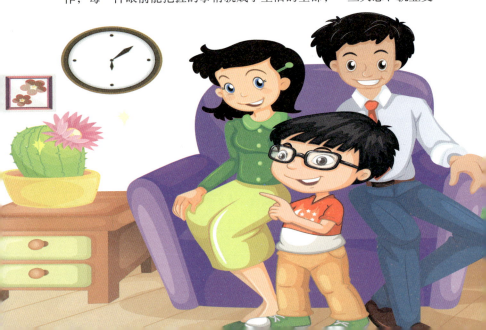

挫，就什么意义都找不到了。这种对未来的茫然和不确定感，往往使得很多学生感受不到生命的真正意义，而容易选择极端的解决方式。

家庭因素

现在绝大多数孩子都是家里的"独苗"，父母对孩子成才都有较高的期待，这给孩子带来很多有形和无形的压力。这些压力，在很多情况下都超过了年轻的他们所能承受的范围，很多时候原本是一次小小的失败，在父母的压力下，也会让他们产生很强的挫败感，对自己作出全盘否定。

这一代的孩子，家庭和学校为他们设置了过于优越的环境，很多孩子从小到大没吃过什么苦，也没经历过什么挫折，过于顺遂的人生其实是一种变相的社会隔绝，造成他们认识的社会和身处的社会有着巨大的差异，不适应、怀疑、对抗等现象层出不穷。

面对一些失败和不适应时，孩子们的应对能力也远远不够，因而他们的心理问题最多。而大部分的家长，更多的是关注孩子的身体健康、物质条件的满足，而缺乏与孩子内心的交流，因此，一旦孩子遇上问题，很难从家庭中获得支持。

性格因素

自杀的人一般性格都比较内向，具有自卑、依赖性强、情绪不稳、固执、敏感多疑、心理闭锁等许多不利的性格特征。这种偏执型人格，常会导致当事人对事物产生歪曲的认识以及消极悲观的情绪。此外，青少年缺乏责任感，以自我为中心的通病是使他们产生轻生念头并最终走向自杀的主要原因。

认知因素

青少年的自杀往往是错误地评估了世界、错误地评估了自己。心理问题的出现，也是由于这些情况的长期存在而又得不到及时有效的自我调整造成的。常易出现的认知歪曲有"绝对化思维"，这是指非好即坏、非此即彼的思维模式，例如"如果我不能使男朋友回心转意，就没有活下去的意义"。这种思维方式，没有中间缓冲余地和其他任何抉择，大多数人具有调节或忽视绝对化思维的能力，但自杀者缺乏这种灵活性。

行为因素

心理学研究发现，有自杀倾向或自杀未遂的学生，他们在问题解决技巧上缺乏信心，在问题解决的尝试上较少有系统性和主动性，在问题情境上感到控制能力薄弱。且在问题解决上较为被动，趋向于让问题自行解决或在解决上依赖他人。这类人缺乏灵活变通能力，几乎从不努力去解决问题，也很少考虑到将来和他人。一旦遇到负面生活事件时，就有可能产生无能、无助感而逃避现实选择自杀。

此外，还有一些因素也容易引起学生的自杀行为。比如天气因素，春季是心理健康患症高发期，自古就有"菜花黄，人癫狂"的俗语，春天属于生发季节，容易引起"伤春情绪"。

同时，他人的自杀行为确实会给一些想自杀的人暗示、鼓励和支持，原来不敢做现在却可能敢做。他会认为这是一种解决问题的办法，因此发生效仿行为。

保尔·柯察金曾经说过："人最宝贵的是生命，生命对每一个人来说都只有一次。"而我们青少年的生命是含苞欲放的花朵，即将绽出迷人的光彩，美丽却又娇弱，更应好好珍惜，不要让它过早地凋谢。